I0073083

# Einführung.

In der Richtung der gesteigerten Leistung und Qualität vollzieht sich in weiten Gebieten der Technik der Übergang von der Schätzung zur Berechnung, von empirischen zu wissenschaftlichen Unterlagen für Konstruktion und Betrieb. Die früher ausreichende technische Erfahrung, die es dem Ingenieur ermöglichte rein gefühlsmäßig mit mehr oder weniger Sicherheit und Genauigkeit die Verhältnisse zu erfassen, muß heute ergänzt werden durch die wissenschaftlich fundierte Berechnung, die gewissermaßen das tragende Skelett der Ingenieurarbeit bildet. Besonders auch auf dem Gebiet der Wärmetechnik kann die Forschung wesentliche Fortschritte in den letzten Jahren verzeichnen, durch die die wichtigsten Zusammenhänge einer genauen und sicheren Erfassung zugänglich gemacht wurden.

Andererseits erfordert die ausgedehntere Berechnungsarbeit einen gesteigerten Aufwand des Wärme-Ingenieurs an Zeit und Mühe; es besteht daher die bedeutungsvolle Aufgabe ihn dabei durch geeignete Hilfsmittel so zu unterstützen, daß die reine Berechnungszeit abgekürzt werden kann, um durch klarere und tiefere Erfassung der Zusammenhänge zur besten Lösung zu gelangen. Der beste Weg ist hier unzweifelhaft die graphische Form. Die Berechnung kann mittels der Rechentafel meist in einem Bruchteil der Zeit durchgeführt werden; der Einfluß veränderter Größen ist unmittelbar zu erkennen. Da die Übersichtlichkeit der Tafeln von gleicher Bedeutung ist, wie ihre Genauigkeit, wurde in der vorliegenden Sammlung durchweg die Form der Netztafeln (Diagramme) gewählt, die gegenüber den Leitertafeln (Nomogramme) noch den Vorteil haben, daß sie ohne Hilfsmittel ausgewertet werden können und durch die Zusammenfassung in Buchform nicht beeinträchtigt werden. Schließlich sind gerade in der Wärmetechnik wichtige Zusammenhänge — z. B. auf dem Gebiet der Dampfeigenschaften — mathematisch nicht erfaßbar, daher auch nicht ohne weiteres als Leitertafeln darzustellen.

Die Benutzung der Rechentafeln bietet keine Schwierigkeiten, so daß auch eine besondere Anleitung zu ihrem Gebrauch nicht notwendig ist. Am schnellsten wird man sich einarbeiten können, wenn man zunächst das angegebene Beispiel gemäß der Textzusammenstellung am Linienzug der Zeichnung verfolgt. Die Übereinstimmung der Werte verschafft sofort eine Vertrautheit mit der Rechentafel, die natürlich sich erst nach weiterem Gebrauch voll auswirkt. Um den Zusammenhang der Blätter zu betonen, wurde dabei nach Möglichkeit versucht, bei den verschiedenen Rechentafeln von den gleichen Voraussetzungen auszugehen, bzw. die Werte aufeinander aufzubauen; kleine Abweichungen sind dabei allerdings im Interesse erhöhter Klarheit nötig.

Weiter ist zu den einzelnen Tafeln zu bemerken, daß zur Lösung derselben Berechnungsaufgabe zum Teil mehrere Blätter vorhanden sind, die für verschiedene Ausgangswerte zu wählen sind. So gibt Tafel 1 für Kohlen gewisse Eigenschaften an, wenn nur die Kohlensorte bekannt ist. Liegt eine Kurzanalyse der

Kohlen vor (flüchtige Bestandteile, Gehalt an Asche und Wasser), so kann — nach Umrechnung an Hand der Tafel 3 — in genauerer Weise der Heizwert, sowie der Höchstgehalt der Rauchgase an Kohlensäure aus Tafel 2 ermittelt werden und angenähert auf die Zusammensetzung der Reinkohle geschlossen werden. Ist dagegen die chemische Zusammensetzung aus der Elementaranalyse bekannt, so wird der Heizwert aus Tafel 4 bestimmt.

Die Berechnung des Rauchgasvolumens und Luftbedarfs kann aus zwei verschiedenen Tafeln festgestellt werden; und zwar entweder gut angenähert aus Tafel 9, das den von Rosin erforschten Zusammenhang mit dem unteren Heizwert wiedergibt und für die meisten Fälle der Praxis genügt, oder aber wissenschaftlich genau bei gegebener chemischer Zusammensetzung des Brennstoffs an Hand von Tafel 11, nachdem die Anteile der einzelnen Elemente nach Tafel 12 in spez. Molzahlen umgerechnet wurden.

Die Tafel 13 gibt den angenäherten Wert der Luftüberschußzahl aus gemessenem und höchstem Gehalt der Rauchgase an Kohlensäure; gleichzeitig kann aus derselben Tafel der genaue Wert ermittelt werden, nachdem man aus Tafel 9 die Mindest-Volumveränderung entnommen hat.

Die einzelnen Kesselverluste lassen sich mit Hilfe der Tafeln 31, 32, 33 und 34 berechnen; einen Vergleich mit durchschnittlichen Werten verschiedener Feuerungsarten ermöglicht Tafel 36, aus der auch der Verlauf der Verluste in Abhängigkeit von der Kesselbelastung zu ersehen ist.

Der Zweck der vorliegenden Sammlung von Rechentafeln ist, dem Wärme-Ingenieur bei seiner Berechnungsarbeit zu helfen und zur Steigerung seiner Leistungsfähigkeit beizutragen, indem sie ermöglicht, die im Dampfkesselbetrieb vorkommenden Berechnungsaufgaben mit geringer Mühe laufend durchzuführen. Ihre Brauchbarkeit können diese Tafeln natürlich nur im praktischen Gebrauch erweisen; jede Beurteilung der Sammlung, ebenso wie auch einzelner Tafeln ist daher dem Verlag willkommen, in gleicher Weise ferner Wünsche und Anregungen zur Ergänzung oder Verbesserung.

# Inhaltsverzeichnis.

## Register. — Table des Matières.

## V. Verluste und Kosten der Dampferzeugung.
### Losses and Costs of Steam Generation.
### Pertes et coût de la production de la vapeur.

# Zeichenerklärung.

## Explanation of Abbreviations. — Signification des notations.

9

# Einfluß der flüchtigen Bestandteile.

**Influence of the Volatile Matter. — Influence des matières volatiles.**

| | | | | | |
|---|---|---|---|---|---|
| $f_{ch}$ | $\%$ | flüchtige Bestandteile (der Reinkohle) | volatile matter (referred to pure coal) | matière volatile (rapportée au charbon pur) | 32 |
| $g\,[C]_{ch}$ | $\%$ | Gewichtsanteil (bez. auf Reinkohle) des Kohlenstoffs | parts by weight (pure coal) of carbon | proportion en poids (charbon pur) du carbone | 84,0 |
| $g\,[H_2]_{ch}$ | $\%$ | des Wasserstoffs | of hydrogen | de l'hydrogène | 5,5 |
| $g\,[O_2]_{ch}$ | $\%$ | des Sauerstoffs | of oxygen | de l'oxygène | 10,5 |
| $H_{ch\,o}$ | $\dfrac{kcal}{kg}$ | oberer Heizwert (Reinkohle) | gross calorific value (pure coal) | puissance calorifique brute (charbon pur) | 8500 |
| $H_{ch\,u}$ | $\dfrac{kcal}{kg}$ | unterer Heizwert (Reinkohle) | net calorific value (pure coal) | puissance calorifique nette (ch.p.) | 8180 |
| $v\,[CO_2]_{max}$ | $\%$ | Höchstgehalt der Rauchgase an Kohlensäure | maximum carbon dioxide, parts by volume | proportion en volume maxima de l'acide carbonique | 18,7 |

Gumz, W., Feuerungstechnisches Rechnen. Leipzig 1931.

Schultes, W., Das *It*-Diagramm bei Feuerungsuntersuchungen. Arch. Wärmew., Bd. 13 (1932), S. 243.

—, Handbuch der Brennstofftechnik (Koppers A.G.). Essen 1928.

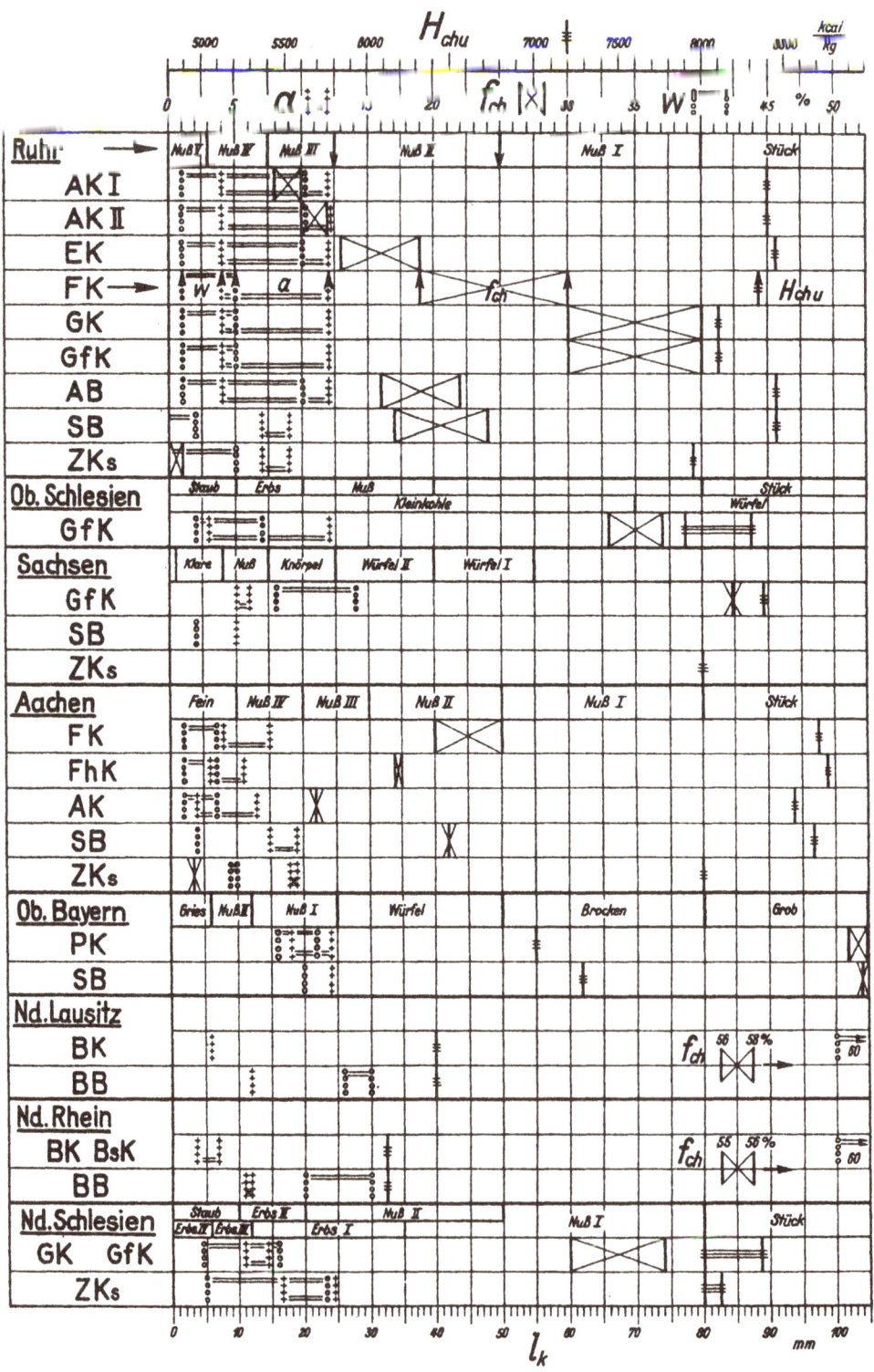

13

14

| | | | |
|---|---|---|---|
| $v\,[CH_4]$ | % | Volumanteil des Methans . . . . . . . . . . . . . . . | 6 |
| | | methane, parts by volume | |
| | | proportion en volume du méthane | |
| $v\,[C_mH_n]$ | % | Volumanteil der schweren Kohlenwasserstoffe . . . . . . | 6 |
| | | heavy hydrocarbons, parts by volume | |
| | | proportion en volume des hydrocarbures lourds | |
| $w$ | % | Wassergehalt der Kohle . . . . . . . . . . . . . . | 1, 3, 4, 5 |
| | | moisture content of coal | |
| | | teneur en eau du charbon | |
| $y$ | a | Lebensdauer . . . . . . . . . . . . . . . . . . . | 40 |
| | | life duration | |
| | | durée | |
| $z$ | $\dfrac{Mol}{100\,kg}$ | spezifische Molzahl . . . . . . . . . . . . . . . | 11 |
| | | specific mol number | |
| | | nombre spécifique des molécules kilogrammes | |
| $z\,[C]$ | $\dfrac{Mol}{100\,kg}$ | spezifische Molzahl des Kohlenstoffs . . . . . . . . . | 11 |
| | | specific mol number of carbon | |
| | | nombre spécifique des molécules kg. du carbone | |
| $z\,[H_2]$ | $\dfrac{Mol}{100\,kg}$ | spezifische Molzahl des Wasserstoffs . . . . . . . . | 11 |
| | | specific mol number of hydrogen | |
| | | nombre spécifique des molécules kg. de l'hydrogène | |
| $z\,[O_2]$ | $\dfrac{Mol}{100\,kg}$ | spezifische Molzahl des Sauerstoffs . . . . . . . . . | 11 |
| | | specific mol number of oxygen | |
| | | nombre spécifique des molécules kg. de l'oxygène | |
| $z\,[N_2]$ | $\dfrac{Mol}{100\,kg}$ | spezifische Molzahl des Stickstoffs . . . . . . . . . | 11 |
| | | specific mol number of nitrogen | |
| | | nombre spécifique des molécules kg. de l'azote | |
| $z\,[H_2O]$ | $\dfrac{Mol}{100\,kg}$ | spezifische Molzahl des Wassers . . . . . . . . . . | 11 |
| | | specific mol number of water | |
| | | nombre spécifique des molécules kg. de l'eau | |
| $A_{D\,max}$ | m³/h | höchste Verdampfungsfähigkeit . . . . . . . . . . . | 27 |
| | | maximum evaporative capacity | |
| | | capacité maxima de vaporisation | |
| $A_L$ | $\dfrac{10^3\,m^3}{h}$ | stündliche Luftmenge . . . . . . . . . . . . . . . | 37, 38 |
| | | quantity of air per hour | |
| | | quantité d'air par heure | |
| $A_w$ | m³/h | stündliche Wassermenge . . . . . . . . . . . . . . | 38 |
| | | quantity of water per hour | |
| | | quantité d'eau par heur | |
| $D_{sp}$ | m | Durchmesser des Behälters . . . . . . . . . . . . . | 28 |
| | | diameter of container | |
| | | diamètre du réservoir | |
| $F_k$ | m² | Heizfläche des Kessels . . . . . . . . . . . . . . | 23, 34 |
| | | heating surface of the boiler | |
| | | surface de chauffe de la chaudière | |

$F_r$    m²    Rostfläche . . . . . . . . . . . . . . . . . . . . . 8
grate area
surface de grille

$F_o$    m²    Kesseloberfläche . . . . . . . . . . . . . . . . . . 34
area of boiler surface
surface de la chaudière

$G_B$    kg    Brennstoffgewicht . . . . . . . . . . . . . . . . . . 7
weight of fuel
poids de combustible

$H$    $\dfrac{\text{kcal}}{\text{kg}}$    Heizwert (Rohkohle) . . . . . . . . . . . . . . . . . 3
calorific value (rough coal)
puissance calorifique (charbon brut)

$H_{ch}$    $\dfrac{\text{kcal}}{\text{kg}}$    Heizwert der Reinkohle . . . . . . . . . . . . . . 1, 2, 3
calorific value (referred to pure coal)
puissance calorifique (rapportée au charbon pur)

$H_o$    $\dfrac{\text{kcal}}{\text{kg}}\left(\dfrac{\text{kcal}}{\text{m}^3}\right)$    oberer Heizwert . . . . . . . . . . . . . . . . . 5, 6
gross calorific value
puissance calorifique brute

$H_u$    $\dfrac{\text{kcal}}{\text{kg}}\left(\dfrac{\text{kcal}}{\text{m}^3}\right)$    unterer Heizwert . . . . . 4, 5, 6, 8, 9, 14, 15, 17, 33, 35, 39
net calorific value
puissance calorifique nette

$L_{sp}$    m    Länge des Behälters . . . . . . . . . . . . . . . . . 28
length of container
longueur du réservoir

$M_k$    t/h    Kesselleistung . . . . . . . . . . . . . . . . . . 23, 35, 37
boiler output
production de la chaudière

$M_B$    t/h    stündlicher Brennstoffverbrauch . . . . . . . . . 8, 35
consumption of fuel per hour
consommation horaire de combustible

MA      Methylorange-Alkalität . . . . . . . . . . . . . . . . 19
methyl orange alcalinity
alcalinité du méthyl orange

$N_p$    kW (PS)    Pumpenleistung . . . . . . . . . . . . . . . . . . . 38
power to drive pump
débit de la pompe

$P_{sch}$    mm H₂O    Zugstärke des Schornsteins . . . . . . . . . . . . . 17
available chimney draught
tirage de la cheminée

PA      Phenolphtalein-Alkalität . . . . . . . . . . . . . . . 18
phenolphtalein alcalinity
alcalinité de la phénolphtaleine

$Q_f$    $\dfrac{\text{kcal}}{\text{h}}$    Feuerungsleistung . . . . . . . . . . . . . . . . 8, 34, 37
rate of combustion
allure de la combustion

16

| | | | |
|---|---|---|---|
| $Q_k$ | $\dfrac{\text{kcal}}{\text{h}}$ | Wärmeleistung des Kessels . . . . . . . . . . . . . . .<br>thermal output of the boiler<br>capacité calorifique de la chaudière | 23 |
| $R$ | | Gaskonstante . . . . . . . . . . . . . . . . . . . . .<br>gas constant<br>constante des gaz | 10 |
| $V_f$ | m³ | Feuerraum . . . . . . . . . . . . . . . . . . . . .<br>volume of combustion chamber<br>volume de la chambre de combustion | 8 |
| $V_{sp}$ | m³ | Behältervolumen . . . . . . . . . . . . . . . . .<br>volume of container<br>volume du réservoir | 28 |
| $V_B$ | m³ | Brennstoffvolumen . . . . . . . . . . . . . . . .<br>volume of fuel<br>volume du combustible | 7 |
| $V_D$ | m³ | Dampfraum . . . . . . . . . . . . . . . . . .<br>steam space<br>espace de vapeur | 27, 28 |
| $V_{L\,min}$ | $\dfrac{\text{Nm}^3}{\text{kg}}$ | Mindest-Luftbedarf . . . . . . . . . . . . . . . .<br>minimum quantity of air required<br>quantité minima d'air nécessaire | 9, 11 |
| $V_{R_0}$ | $\dfrac{\text{Nm}^3}{\text{kg}}$ | Rauchgasvolumen (bez. auf Normalzustand) . . . . . .<br>volume of flue gases (⁰C — 760 mm Hg)<br>volume des gaz de fumée (rapportés à 0⁰ C et 760 mm de<br>    mercure) | 9, 10, 16 |
| $V_{R\,min}$ | $\dfrac{\text{Nm}^3}{\text{kg}}$ | Mindest-Rauchgasvolumen . . . . . . . . . . . . . .<br>minimum volume of flue gases<br>volume minimum des gaz de fumée | 9, 11 |
| $V_W$ | m³ | Wasserraum. . . . . . . . . . . . . . . . . . . .<br>water space<br>espace de l'eau | 28 |
| $V_{W_0}$ | $\dfrac{\text{Nm}^3}{\text{kg}}$ | Wasserdampfgehalt der Rauchgase (Normalzustand) . . .<br>water-vapour content of flue gases (0⁰ C — 750 mm Hg)<br>teneur en vapeur d'eau des gaz de fumée (rapportés à 0⁰ C<br>    et 760 mm de mercure) | 16 |
| $Z_{L\,min}$ | $\dfrac{\text{Mol}}{100\ \text{kg}}$ | spezifische Molzahl des Mindest-Luftbedarfs . . . . . . .<br>specific mol number of minimum quantity of air required<br>nombre spécifique des molécules kg. de la quantité minima<br>    d'air nécessaire | 11 |
| $Z_{R\,min}$ | $\dfrac{\text{Mol}}{100\ \text{kg}}$ | spezifische Molzahl der Mindest-Rauchgasmenge . . . . .<br>specific mol number of minimum quantity of flue gases<br>nombre spécifique des molécules kg. de la quantité minima<br>    des gaz de fumée | 11 |
| $x_y$ | $\dfrac{^0/_0}{\text{a}}$ | Amortisationssatz . . . . . . . . . . . . . . . . . .<br>rate of redemption<br>taux de l'amortissement | 40 |

18

19

# Eigenschaften deutscher Kohlenarten.

## Properties of German Coals. — Propriétés des charbons allemands.

| | | Gebiet | district | provenance | Ruhr |
|---|---|---|---|---|---|
| | | Kohlenart | kind of coal | nature du charbon | FK |
| $H_{chu}$ | $\dfrac{\text{kcal}}{\text{kg}}$ | unterer Heizwert der Reinkohle | net calorific value (referred to pure coal) | puissance calorifique nette (rapportée au charbon pur) | 8 350 |
| $a$ | $^0/_0$ | Aschengehalt | ash content | teneur en cendres | 4÷12 |
| $w$ | $^0/_0$ | Wassergehalt | moisture content | teneur en eau | 1÷5 |
| $f_{ch}$ | $^0/_0$ | flüchtige Bestandteile (Reinkohle) | volatile matter (of pure coal) | teneur en matières volatiles (du charbon pur) | 19÷30 |
| $l_k$ | mm | Korngröße | size of coal | grosseur des échantillons de charbon | Nuß II = 25/50 |

### Kohlenarten. — Kinds of coal. — Nature du charbon.

| | | | |
|---|---|---|---|
| $AK$ | Anthrazit | anthracite | anthracite |
| $AB$ | Anthrazit-Brikett | anthracite briquette | briquette d'anthracite |
| $BB$ | Braunkohlen-Brikett | lignite briquette | briquette de lignite |
| $BK$ | Rohbraunkohle | raw lignite | lignite |
| $Bs K$ | Braunkohlenstaub | lignite dust | poussière de lignite |
| $EK$ | Eßkohle | forge coal | charbon de forge |
| $FK$ | Fettkohle | rich coal | charbon gras |
| $Fh K$ | Halbfettkohle | semi-bituminous coal | charbon demi-gras |
| $GK$ | Gaskohle | gas coal | charbon à gaz |
| $Gf K$ | Gasflammkohle | open burning coal | charbon à longues flammes |
| $PK$ | Pechkohle | pitch-coal | charbon bitumineux |
| $SB$ | Steinkohlen-Brikett | coal briquette | briquette de houille |
| $Z Ks$ | Zechenkoks | coke-oven coke | coke |

Marcard, Rostfeuerungen. Berlin 1934.
—, Ruhrkohlen-Handbuch. Essen 1932.

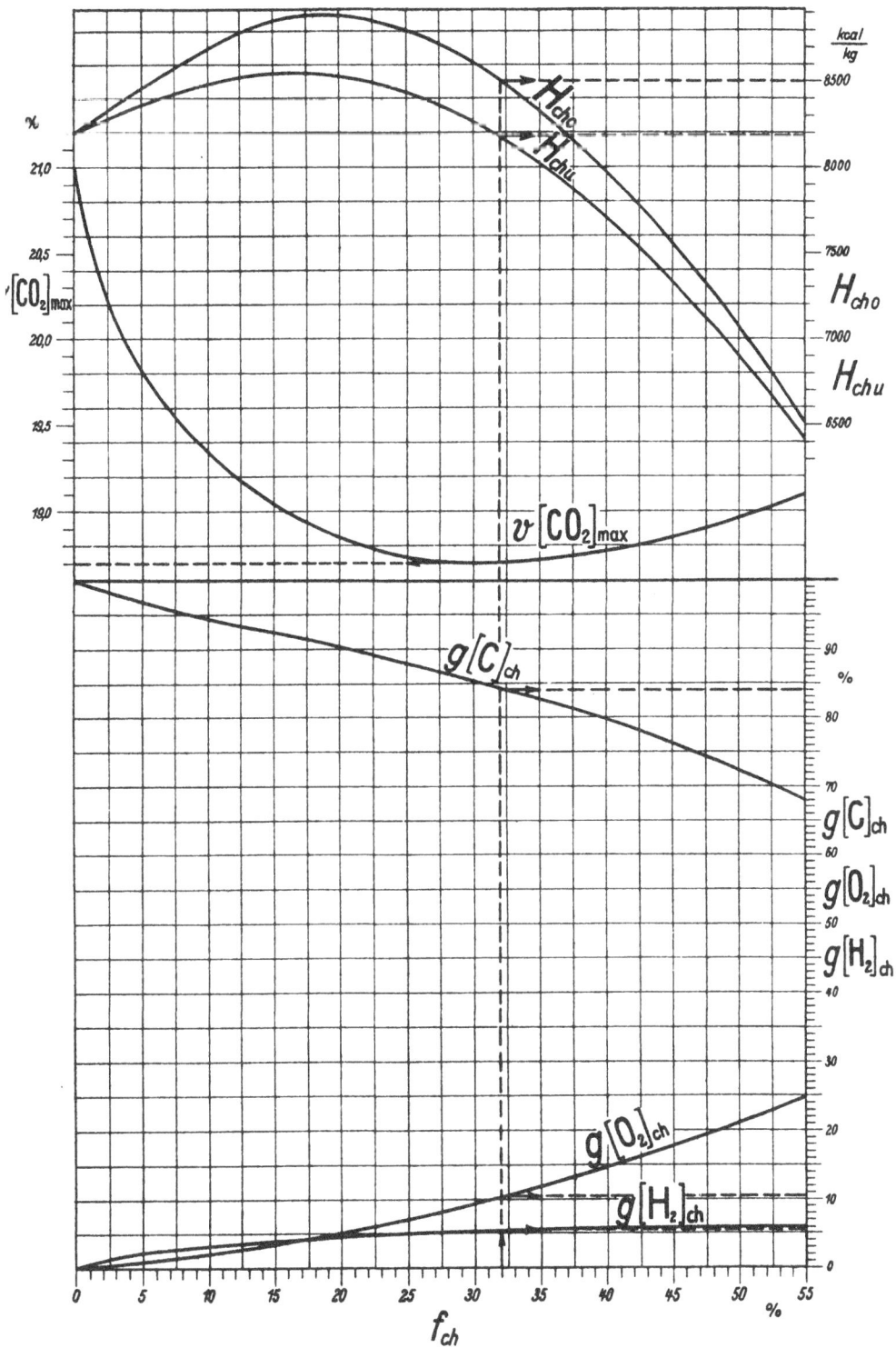

# Umrechnung auf Reinkohle.

### Reduction to Pure Coal. — Equivalences en charbon pur.

| | | | | | |
|---|---|---|---|---|---|
| $a$ | % | Aschengehalt | ash content | teneur en cendres | 6,5 |
| $w$ | % | Wassergehalt | moisture content | teneur en eau | 5,0 |

①

| | | | | | |
|---|---|---|---|---|---|
| $f_{ch}$ | % | flüchtige Bestandteile (Reinkohle) | volatile matter (pure coal) | matières volatiles (charbon pur) | 32,0 |
| $f$ | % | flüchtige Bestandteile (Rohkohle) | volatile matter (rough coal) | matières volatiles (charbon brut) | 28,3 |

②

| | | | | | |
|---|---|---|---|---|---|
| $g\,[O_2]_{ch}$ | % | Gewichtsanteil des Sauerstoffs(Reinkohle) | oxygen, parts by weight (pure coal) | proportion en poids de l'oxygène (charbon pur) | 10,5 |
| $g\,[O_2]$ | % | Gewichtsanteil des Sauerstoffs (Rohkohle) | oxygen, parts by weight (rough coal) | proportion en poids de l'oxygène (charbon brut) | 9,3 |

③

| | | | | | |
|---|---|---|---|---|---|
| $H_{ch\,o}$ | $\dfrac{kcal}{kg}$ | oberer Heizwert (Reinkohle) | gross calorific value (pure coal) | puissance calorifique brute (charbon pur) | 8500 |
| $H_o$ | $\dfrac{kcal}{kg}$ | oberer Heizwert (Rohkohle) | gross calorific value (rough coal) | puissance calorifique brute (charbon brut) | 7520 |

$$f_{ch} = \frac{100}{100 - a - w} \cdot f$$

$$H_{ch} = \frac{100}{100 - a - w} \cdot H$$

$$g\,[\ ]_{ch} = \frac{100}{100 - a - w} \cdot g\,[\ ]$$

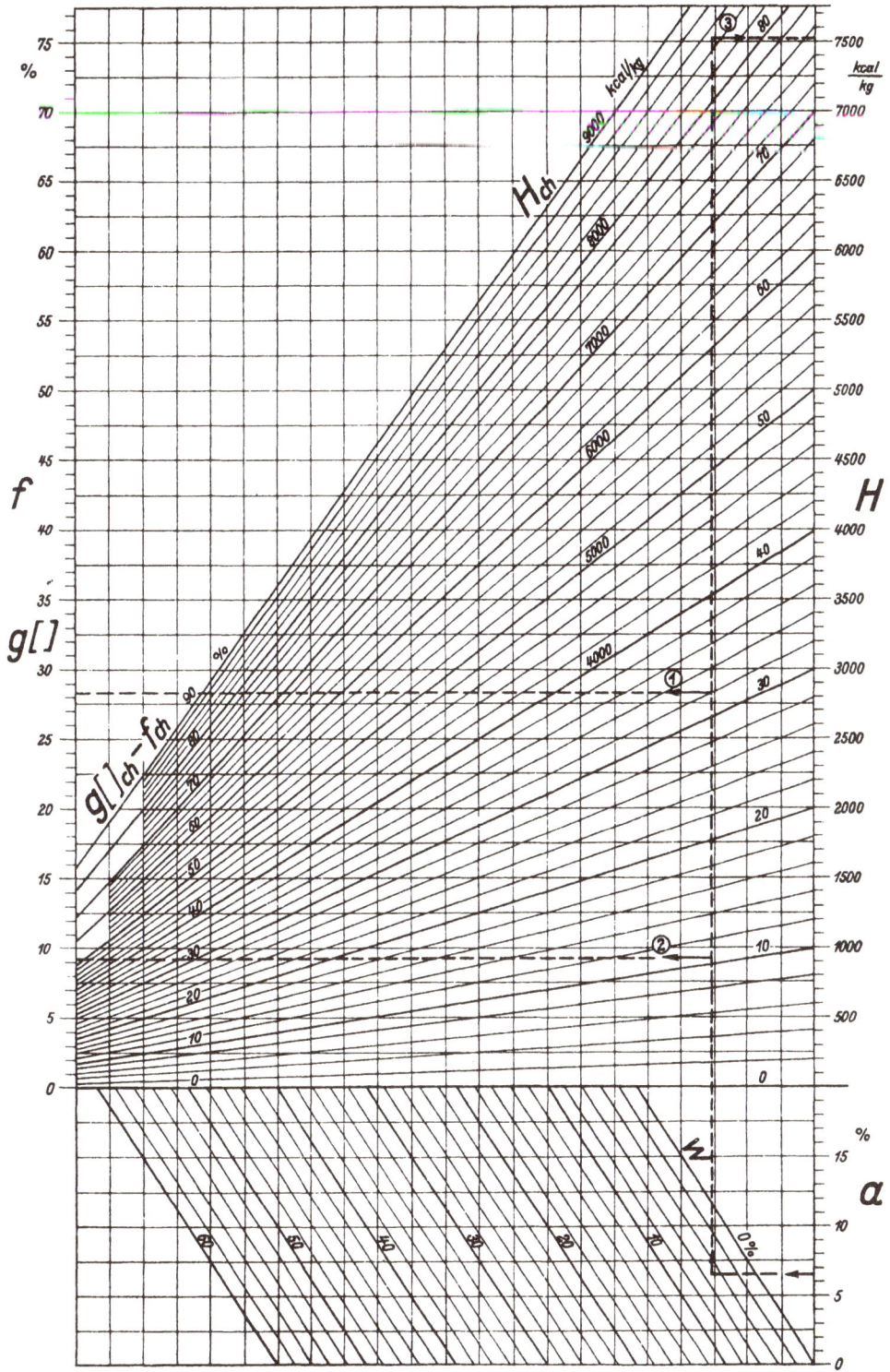

$$\boxed{4}$$

## Heizwert aus der Zusammensetzung der Kohle
### (nur Steinkohle).

**Calorific Value from the Composition of Coal** (bituminous coal only).

**Puissance calorifique d'après la composition du charbon** (charbon bitumineux seulement).

| | | | | | |
|---|---|---|---|---|---|
| $g\,[H_2]$ | % | Gewichtsanteil des Wasserstoffs | parts by weight of hydrogen | proportion en poids de l'hydrogène | 4,8 |
| $g\,[O_2]$ | % | des Sauerstoffs | of oxygen | de l'oxygène | 9,3 |
| $g\,[H_2]_{disp}$ | % | des disponiblen Wasserstoffs | of available hydrogen | de l'hydrogène libre | 3,64 |
| $g\,[S]$ | % | des Schwefels | of sulphur | du soufre | 1,5 |
| $w$ | % | des Wassers | of water | de l'eau | 5,0 |
| $g\,[C]$ | % | des Kohlenstoffs | of carbon | du carbone | 75,0 |
| $H_u$ | $\dfrac{kcal}{kg}$ | unterer Heizwert | net calorific value | puissance calorifique nette | 7140 |

$$H_u = 81\,g\,[C] + 290\left(g\,[H_2] - \frac{g\,[O_2]}{8}\right) + 25\,g\,[S] - 6\,w$$

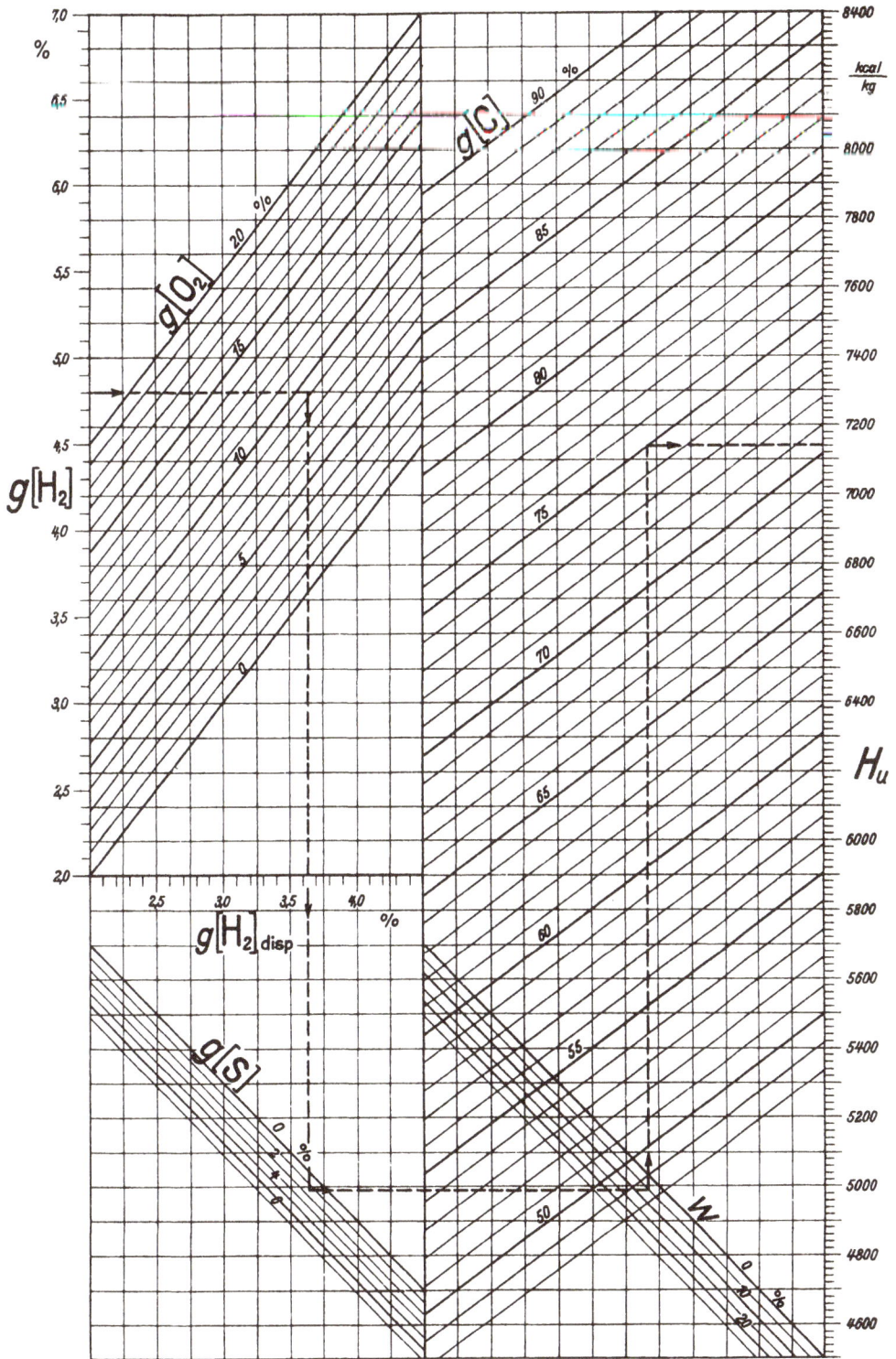

# Oberer und unterer Heizwert.

## Gross and Net Calorific Value. — Puissance calorifique brut et net.

$$\textcircled{1}$$

| | | | | | |
|---|---|---|---|---|---|
| $H_o$ | $\dfrac{\text{kcal}}{\text{kg}}$ | oberer Heizwert | gross calorific value | puissance calorifique brute | 7520 |
| $g\,[\text{H}_2]$ | $^0/_0$ | Gewichtsanteil des Wasserstoffs | hydrogen, parts by weight | proportion en poids de l'hydrogène | 5,5 |
| $w$ | $^0/_0$ | Wassergehalt | water content | teneur en eau | 5,0 |
| $H_u$ | $\dfrac{\text{kcal}}{\text{kg}}$ | unterer Heizwert | net calorific value | puissance calorifique nette | 7190 |

**Einfluß der Kohlentrockenheit.** — Influence of the Dryness of Coal. — Influence du degré de siccité du charbon.

$$\textcircled{2}$$

| | | | | | |
|---|---|---|---|---|---|
| $H_{u1}$ | $\dfrac{\text{kcal}}{\text{kg}}$ | unterer Heizwert (der feuchten Kohle) | net calorific value (of the wet coal) | puissance calorifique nette (du charbon humide) | 2230 |
| $w_1$ | $^0/_0$ | Wassergehalt (der feuchten Kohle) | water content (of the wet coal) | teneur en eau (du charbon humide) | 55 |
| $w_2$ | $^0/_0$ | Wassergehalt (der trockenen Kohle) | water content (of the dry coal) | teneur en eau (du charbon sec) | 15 |
| $H_{u2}$ | $\dfrac{\text{kcal}}{\text{kg}}$ | unterer Heizwert (der trockenen Kohle) | net calorific value (of the dry coal) | puissance calorifique nette (du charbon sec) | 2470 |

$$\boxed{H_o = H_u + 54\,g\,[\text{H}_2] + 6\,w}$$

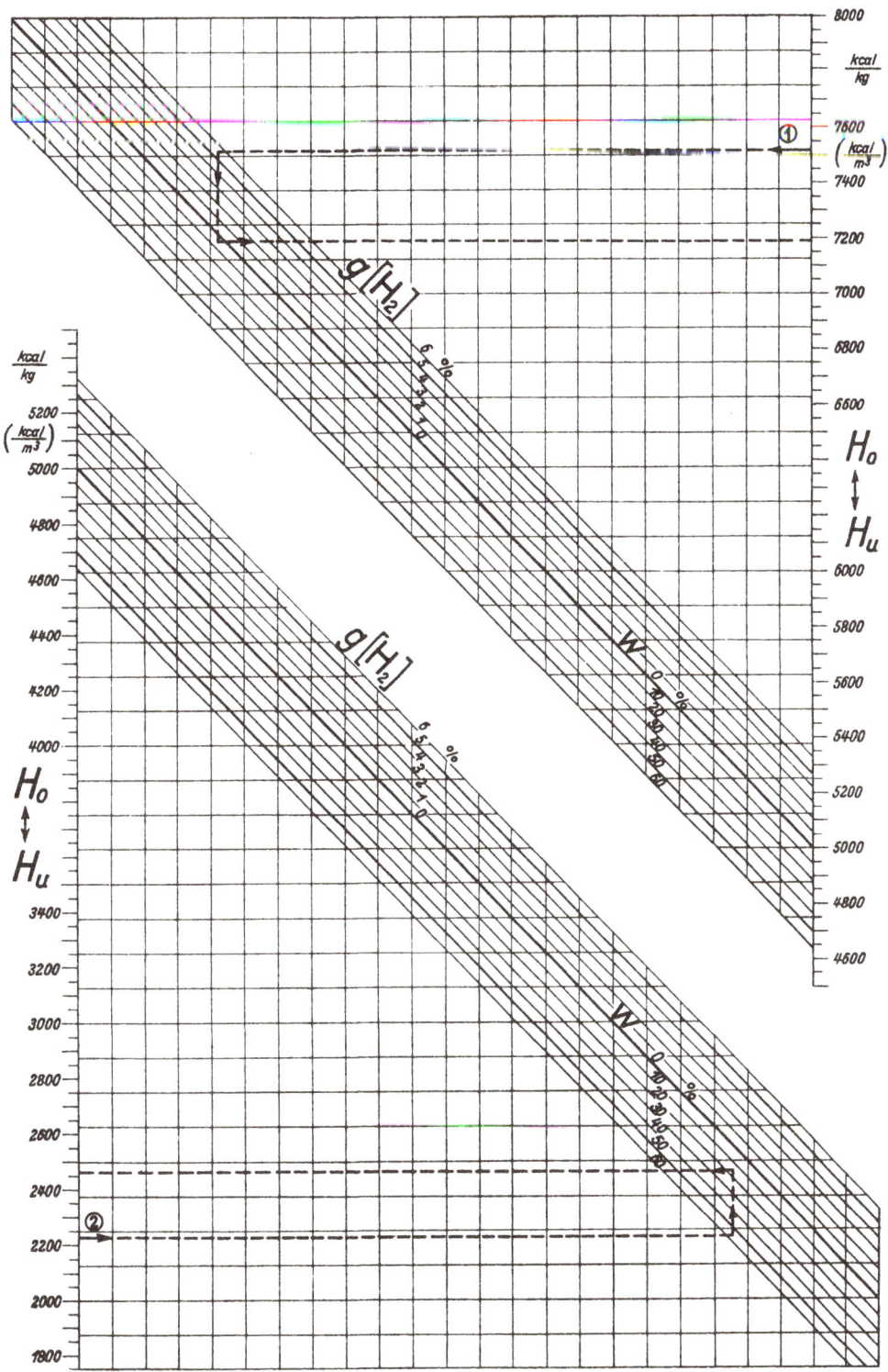

## Eigenschaften flüssiger und gasförmiger Brennstoffe.

**Properties of Liquid and Gaseous Fuels. — Propriétés des combustibles liquides et gazeux.**

| | | I. flüssig. — liquid. — liquide. | | FB |
|---|---|---|---|---|
| | Brennstoffart | kind of fuel | nature du combustible | $C_6H_6$ |
| $\mu$ | Molekulargewicht | molecular weight | poids moléculaire | 78 |
| $H_u$ $\dfrac{kcal}{kg}$ | unterer Heizwert | net calorific value | puissance calorifique nette | 9600 |
| $H_o$ $\dfrac{kcal}{kg}$ | oberer Heizwert | gross calorific value | puissance calorifique brute | 10000 |
| $g[C]$ % | Gewichtsanteil des Kohlenstoffs | carbon, parts by weight | proportion en poids du carbone | 92,2 |
| $g[H_2]$ % | des Wasserstoffs | hydrogen, parts by weight | proportion en poids de l'hydrogène | 7,8 |

| | | II. gasförmig. — gaseous. — gazeux. | | GB |
|---|---|---|---|---|
| | Brennstoffart | kind of fuel | nature du gaz | $KsG$ |
| $\mu$ | Molekulargewicht | molecular weight | poids moléculaire | 11,5 |
| $H_u$ $\dfrac{kcal}{Nm^3}$ | unterer Heizwert | net calorific value | puissance calorifique nette | 4300 |
| $H_o$ $\dfrac{kcal}{Nm^3}$ | oberer Heizwert | gross calorific value | puissance calorifique brute | 4800 |
| $v[H_2]$ % | Volumanteil des Wasserstoffs | parts by volume of hydrogen | proportion en volume de l'hydrogène | 50 |
| $v[CO]$ % | des Kohlenoxyds | of carbon monoxide | de l'oxyde de carbone | 8 |
| $v[CH_4]$ % | des Methans | of methane | du méthane | 29 |
| $v[C_mH_n]$ % | der ungesättigten Kohlenwasserstoffe | of heavy hydrocarbons | des hydrocarbures lourds | 4 |
| $v[CO_2]$ % | der Kohlensäure | of carbon dioxide | de l'acide carbonique | 2 |
| $v[N_2]$ % | des Stickstoffs | of nitrogen | de l'azote | 7 |

### Gasarten. — Kinds of Gas. — Nature de gaz.

| | | | |
|---|---|---|---|
| $SG$ | Steinkohlen-Schwelgas | gas from low-temperature carbonisation of coal | gaz de houille à distillation lente |
| $LtG$ | Leuchtgas | lighting gas | gaz d'éclairage |
| $KsG$ | Koksofengas | coke-oven gas | gaz de four à coke |
| $WG$ | Wassergas | water gas | gaz à l'eau |
| $MiG$ | Mischgas | Dowson gas | gaz mixte |
| $MoG$ | Mondgas | Mondgas | gaz Mond |
| $LuG$ | Luftgas | air gas | gaz à l'air |
| $GG$ | Gichtgas | blast-furnace gas | gaz de haut-fourneau |

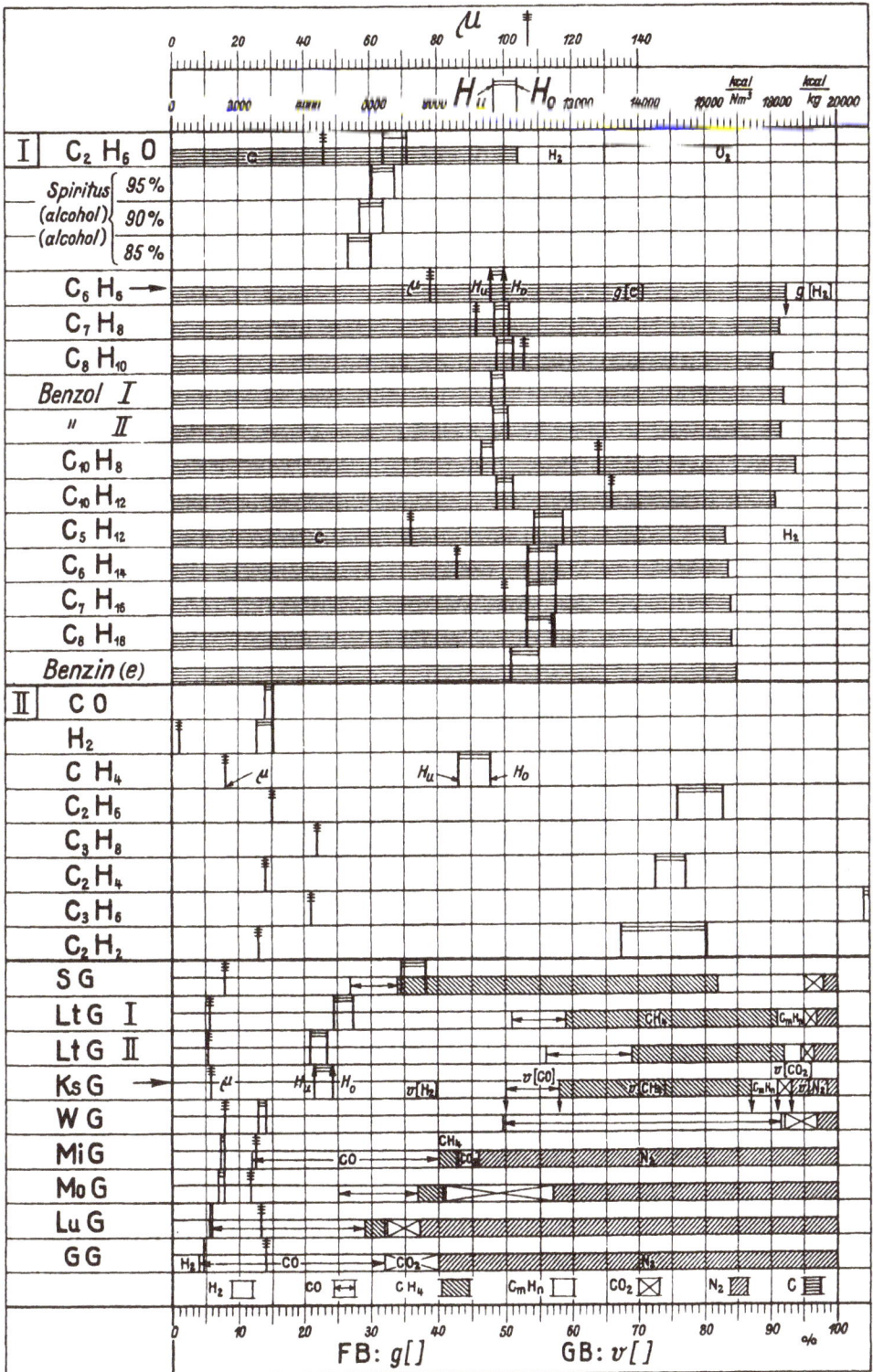

$\mu$

0 20 40 60 80 100 120 140

$H_u$ $H_o$

0 2000 4000 6000 8000 10000 12000 14000 16000 18000 20000

$\frac{kcal}{Nm^3}$ $\frac{kcal}{kg}$

| | | |
|---|---|---|
| I | $C_2H_6O$ | $H_2$  $O_2$ |
| | Spiritus (alcohol) 95% | |
| | (alcohol) 90% | |
| | 85% | |
| | $C_6H_6$ → | $\mu$  $H_u$ $H_o$  $g[C]$  $g[H_2]$ |
| | $C_7H_8$ | |
| | $C_8H_{10}$ | |
| | Benzol I | |
| | " II | |
| | $C_{10}H_8$ | |
| | $C_{10}H_{12}$ | |
| | $C_5H_{12}$ | $c$  $H_2$ |
| | $C_6H_{14}$ | |
| | $C_7H_{16}$ | |
| | $C_8H_{18}$ | |
| | Benzin(e) | |
| II | C O | |
| | $H_2$ | |
| | C $H_4$ | $\mu$  $H_u$  $H_o$ |
| | $C_2H_6$ | |
| | $C_3H_8$ | |
| | $C_2H_4$ | |
| | $C_3H_6$ | |
| | $C_2H_2$ | |
| | S G | |
| | Lt G I | $CH_4$  $C_mH_n$ |
| | Lt G II | $v[CO_2]$ |
| | Ks G → | $\mu$  $H_u$  $H_o$  $v[H_2]$  $v[CO]$  $v[CH_4]$  $C_mH_n$  $N_2$ |
| | W G | |
| | Mi G | $CH_4$  CO  $CO_2$  $N_2$ |
| | Mo G | |
| | Lu G | |
| | G G | $H_2$  CO  $CO_2$  $N_2$ |

$H_2$ ☐  CO ⊟  C $H_4$ ▨  $C_mH_n$ ☐  $CO_2$ ⊠  $N_2$ ▨  C ▤

0 10 20 30 40 50 60 70 80 90 100 %

FB: $g[\ ]$   GB: $v[\ ]$

# 7

# Volumen und Gewicht des Brennstoffs.

**Volume and Weight of Fuel. — Volume et poids des combustibles.**

| | | Brennstoffart | kind of fuel | nature du combustible | *Ru SK* |
|---|---|---|---|---|---|
| $\gamma_B$ | $\dfrac{t}{m^3}$ | spezifisches Gewicht des Brennstoffs | specific gravity of fuel | poids spécifique du combustible | 0,800/860 |
| $V_B$ | $m^3$ | Volumen des Brennstoffs | volume of fuel | volume du combustible | 360 |
| $G_B$ | t | Gewicht des Brennstoffs | weight of fuel | poids du combustible | 288/310 |

**Brennstoffarten. — Kinds of Fuel. — Natures des combustibles.**

| | | | |
|---|---|---|---|
| *SK* | Steinkohle | bituminous coal | charbon bitumineux |
| *oS* | Oberschlesien | | |
| *nS* | Niederschlesien | | |
| *Sa* | Sachsen | | |
| *Ru* | Ruhr | | |
| *BK* | Braunkohle | lignite | lignite |
| *FT* | feuchter Torf | wet peat | tourbe humide |
| *TT* | trockener Torf | dry peat | tourbe sèche |
| *GKs* | Gaskoks | gas coke | coke de gaz |
| *ZKs* | Zechenkoks | coke | coke |
| *BH* | Buchenholz | beech wood | bois de hêtre |
| *FH* | Fichtenholz | pine wood | bois de pin |

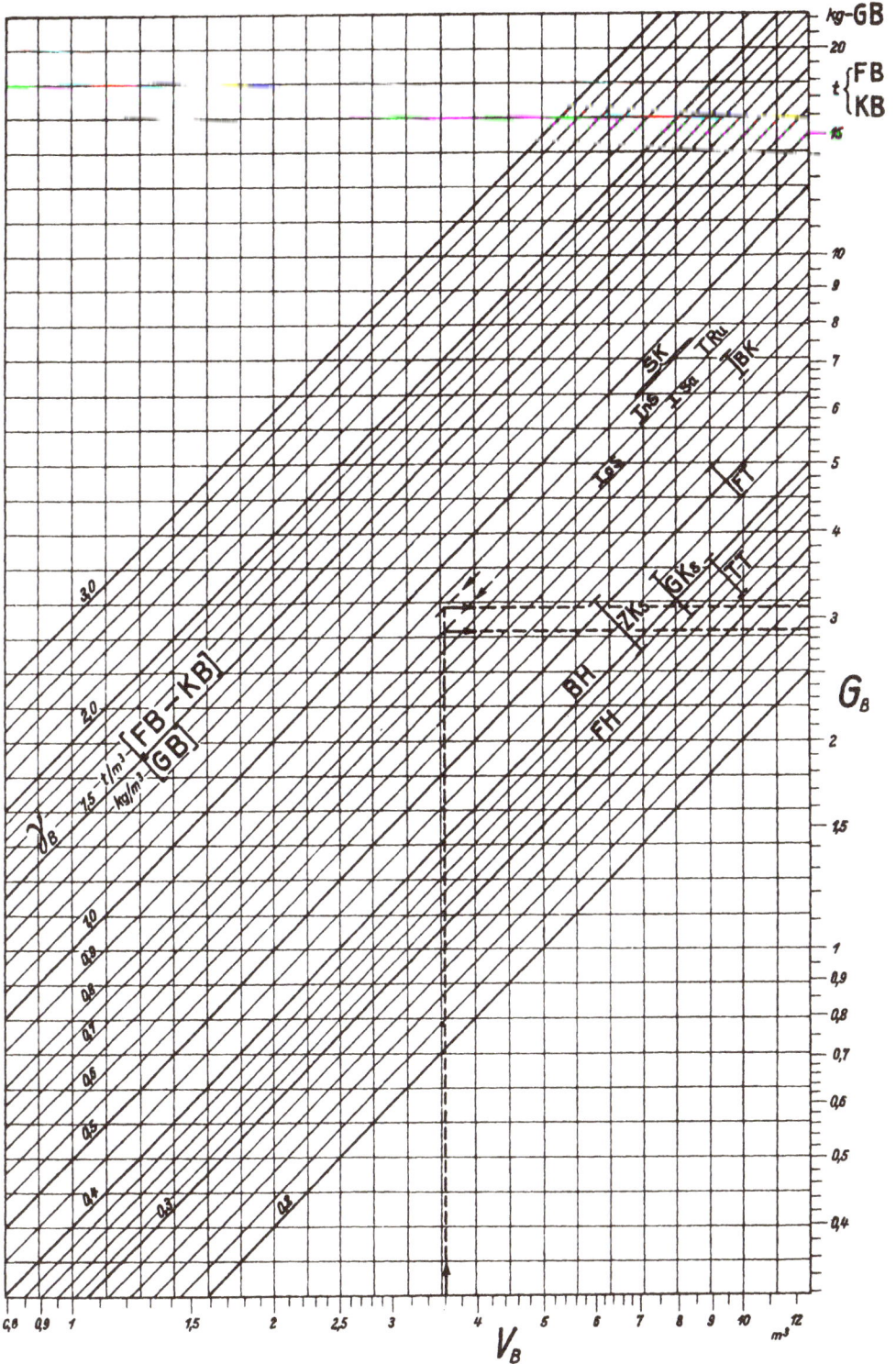

# 8

# Feuerungsleistung.

### Rate of Combustion. — Allure de la combustion.

| Symbol | Unit | German | English | French | Value |
|---|---|---|---|---|---|
| $H_u$ | $\dfrac{kcal}{kg}$ | unterer Heizwert | net calorific value | puissance calorifique nette | 7100 |
| $M_n$ | t/h | stündlicher Brennstoffverbrauch | consumption of fuel per hour | consommation horaire de combustible | 1,35 |
| $Q_f$ | $\dfrac{10^6\ kcal}{h}$ | Feuerungsleistung | rate of combustion | allure de la combustion | 9,6 |

①

| Symbol | Unit | German | English | French | Value |
|---|---|---|---|---|---|
| $V_f$ | $m^3$ | Feuerraum | volume of combustion chamber | volume de la chambre de combustion | 34 |
| $q_f$ | $\dfrac{10^6\ kcal}{m^3\ h}$ | Feuerraum-Wärmebelastung | thermal loading of combustion chamber | quantité de chaleur dégagée par unité de volume de la chambre de combustion | 0,282 |

②

| Symbol | Unit | German | English | French | Value |
|---|---|---|---|---|---|
| $F_r$ | $m^2$ | Rostfläche | grate area | surface de grille | 16 |
| $q_r$ | $\dfrac{10^6\ kcal}{m^2\ h}$ | Rost-Wärmebelastung | thermal loading of grate | quantité de chaleur dégagée par unité de surface de la grille | 0,6 |

$$Q_f = H_u \cdot M_n \qquad q_f = \frac{Q_f}{V_f} \qquad q_r = \frac{Q_f}{F_r}$$

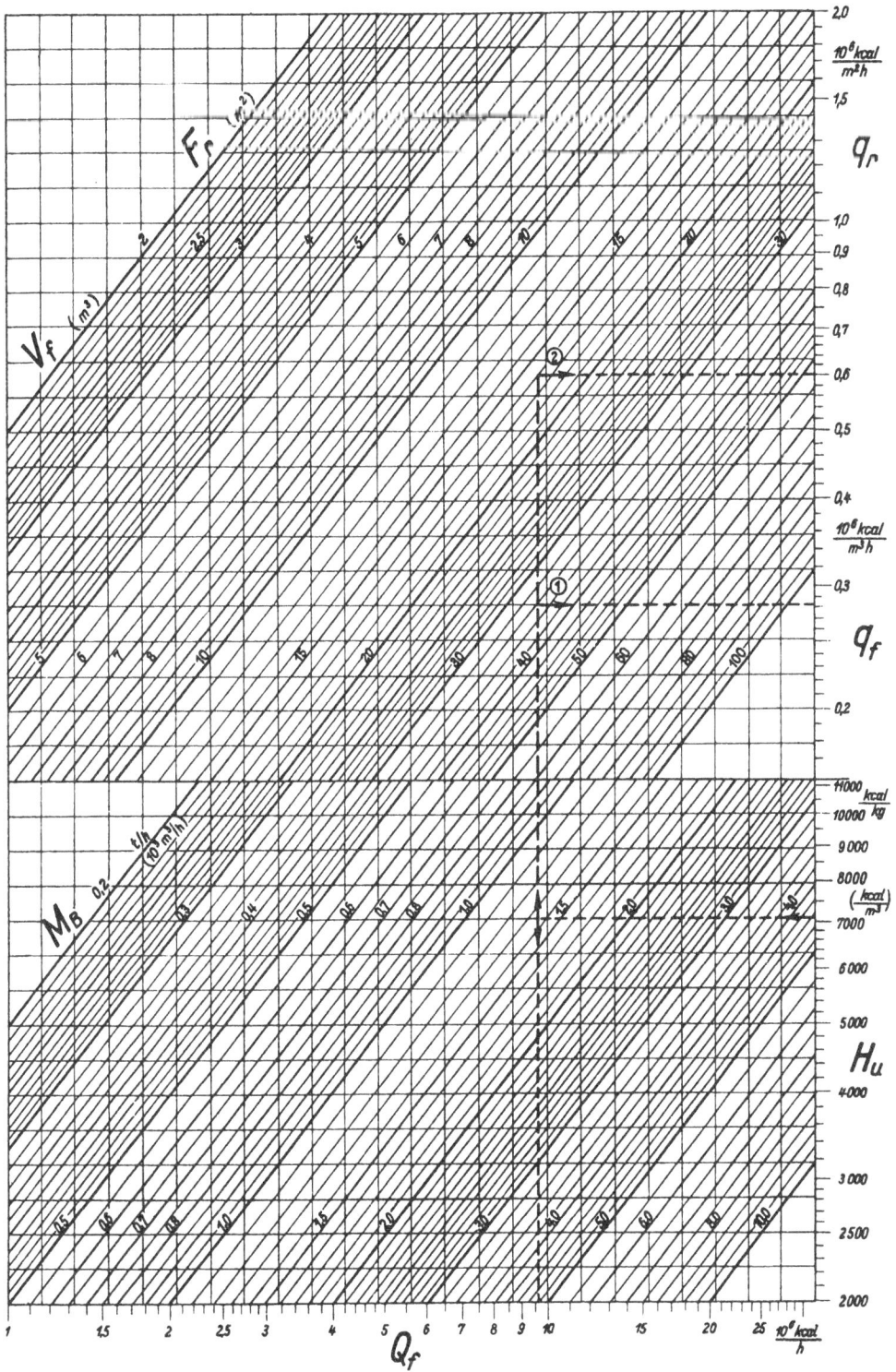

# 9

# Rauchgasvolumen.

## Volume of Flue Gases. — Volume des gaz de fumée.

| | | Brennstoffart | kind of fuel | nature du combustible | ① KB /kg | ② GB /Nm³ |
|---|---|---|---|---|---|---|
| $H_u$ | $\dfrac{kcal}{kg}$ | unterer Heizwert | net calorific value | puissance calorifique nette | 7100 | 4300 |
| $V_{L\,min}$ | $\dfrac{Nm^3}{kg}$ | Mindest-Luftbedarf | minimum quantity of air required | quantité minima d'air nécessaire | 7,67 | 4,43 |
| $V_{R\,min}$ | $\dfrac{Nm^3}{kg}$ | Mindest-Rauchgasvolumen | minimum volume of flue gases | volume minimum des gaz de fumée | 7,97 | 5,15 |
| $\lambda$ | | Luftüberschußzahl | excess air ratio | coefficient d'excès d'air | 1,35 | 1,25 |
| $V_{R_0}$ | $\dfrac{Nm^3}{kg}$ | Rauchgasvolumen (bez. auf Normalzustand) | volume of flue gases (referred to 0° C and 760 mm Hg) | volume des gaz de fumée (rapportés à 0° et 760 mm de mercure) | 10,65 | 6,26 |
| $\varepsilon = \dfrac{V_{R\,min}}{V_{L\,min}}$ | | Mindest-Volumveränderung bei der Verbrennung | minimum change of volume on combustion | variation minima de volume due à la combustion | 1,04 | 1,16 |

## Brennstoffarten. — Kind of Fuel. — Nature de combustible.

| | | | |
|---|---|---|---|
| KB | fester Brennstoff | solid fuels | combustibles solides |
| FB | flüssiger Brennstoff | liquid fuels | combustibles liquides |
| GB | gasförmiger Brennstoff | gaseous fuels | combustibles gazeux |

$$V_{R_0} = V_{R\,min} + (\lambda - 1)\, V_{L\,min}$$

Rosin-Fehling, *It*-Diagramm der Verbrennung. Berlin 1929.

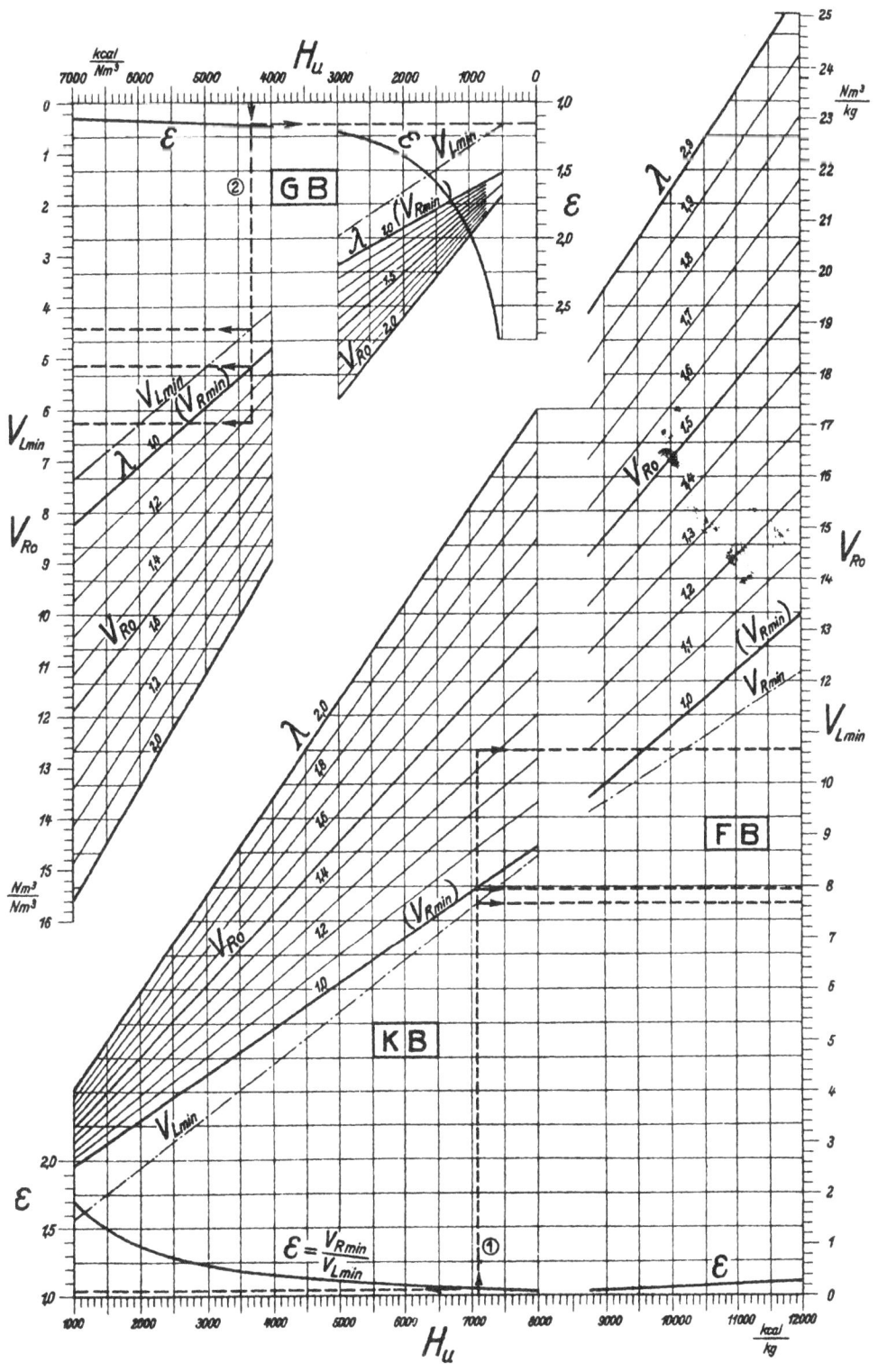

# 10

# Umrechnung des Gasvolumens.

### Conversion of Gas Volume. — Conversion du volume des gaz.

①

| | | | | | |
|---|---|---|---|---|---|
| $V_{R_0}$ | $\dfrac{Nm^3}{kg}$ | Rauchgasvolumen (bezogen auf 0° C und 760 mm Hg) | volume of flue gases (referred to 0° C and 760 mm Hg) | volume des gaz de fumée (rapportés à 0° C et 760 mm de mercure) | 10,6 |
| $t_R$ | °C | Rauchgastemperatur | temperature of flue gases | température des gaz de fumée | 190 |
| $p_R$ | at abs | Druck der Rauchgase | pressure of flue gases | pression des gaz de fumée | 0,99 |
| $V_R$ | m³ | wirkliches Rauchgasvolumen | actual volume of flue gases | volume réel des gaz de fumée | 19,0 |

②

**Bestimmung des spezifischen Volumens.** — Determination of the Specific Volume. — Détermination du volume spécifique.

| | | Gasart | kind of gas | nature de gaz | Luft (air) |
|---|---|---|---|---|---|
| $R$ | | Gaskonstante | gas constant | constante des gaz | 29 |
| $t_G$ | °C | Gastemperatur | gas temperature | température du gaz | 35 |
| $p_G$ | at abs | Gasdruck | gas pressure | pression du gaz | 6,0 |
| $v_G$ | $\dfrac{m^3}{kg}$ | spezifisches Gasvolumen | specific volume of the gas | volume spécifique du gaz | 0,149 |

$$v_G = \frac{R \cdot (t_G + 273)}{10^4 \cdot p_G}$$

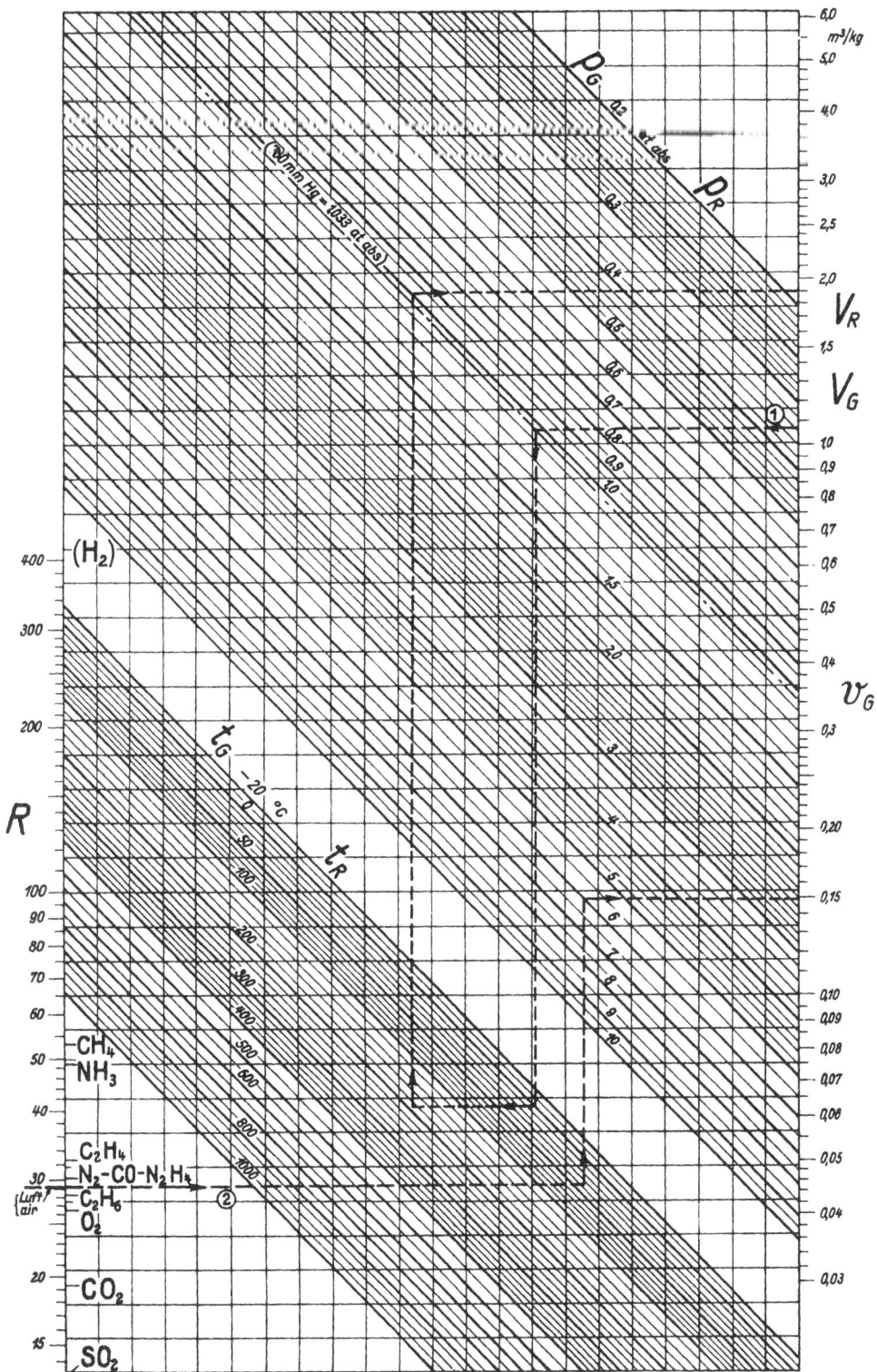

## Theoretisches Rauchgas und Luftvolumen.

### Theoretical Volume of Flue Gases and Air. — Volume théorique des gaz de fumée et de l'air.

| | | | | |
|---|---|---|---|---|
| $z[O_2] \dfrac{Mol}{100\,kg}$ | spezifische Molzahl des Sauerstoffs | specific mol number of oxygen | nombre spécifique des molécules kilogrammes de l'oxygène | 0,29 |
| $z[H_2O] \dfrac{Mol}{100\,kg}$ | des Wassers | of water | de l'eau | 0,28 |
| $z[N_2] \dfrac{Mol}{100\,kg}$ | des Stickstoffs | of nitrogen | de l'azote | 0,043 |
| $z[H_2] \dfrac{Mol}{100\,kg}$ | des Wasserstoffs | of hydrogen | de l'hydrogène | 2,40 |
| $z[C] \dfrac{Mol}{100\,kg}$ | des Kohlenstoffs | of carbon | du carbone | 6,25 |
| $Z_{L\,min} \dfrac{Mol}{100\,kg}$ | ① des Mindest-Luft- bedarfs | of minimum quan- tity of air required | de la quantité minima d'air nécessaire | 34,1 |
| $Z_{R\,min} \dfrac{Mol}{100\,kg}$ | ② der Mindest-Rauch- gasmenge | of minimum quan- tity of flue gases | de la quantité minima des gaz de fumée | 35,8 |
| $V_{L\,min} \dfrac{Nm^3}{kg}$ | ① Mindest-Luft- bedarf | minimum quantity of air required | quantité minima d'air nécessaire | 7,65 |
| $V_{R\,min} \dfrac{Nm^3}{kg}$ | ② Mindest-Rauchgas- volumen | minimum volume of flue gases | volume minimum des gaz de fumée | 8,02 |

$$Z_{L\,min} = 4,76\,z[C] + 2,38\,z[H_2] - 4,76\,z[O_2]$$

$$Z_{R\,min} = 4,76\,z[C] + 2,88\,z[H_2] + z[H_2O] + z[N_2] - 3,76\,z[O_2]$$

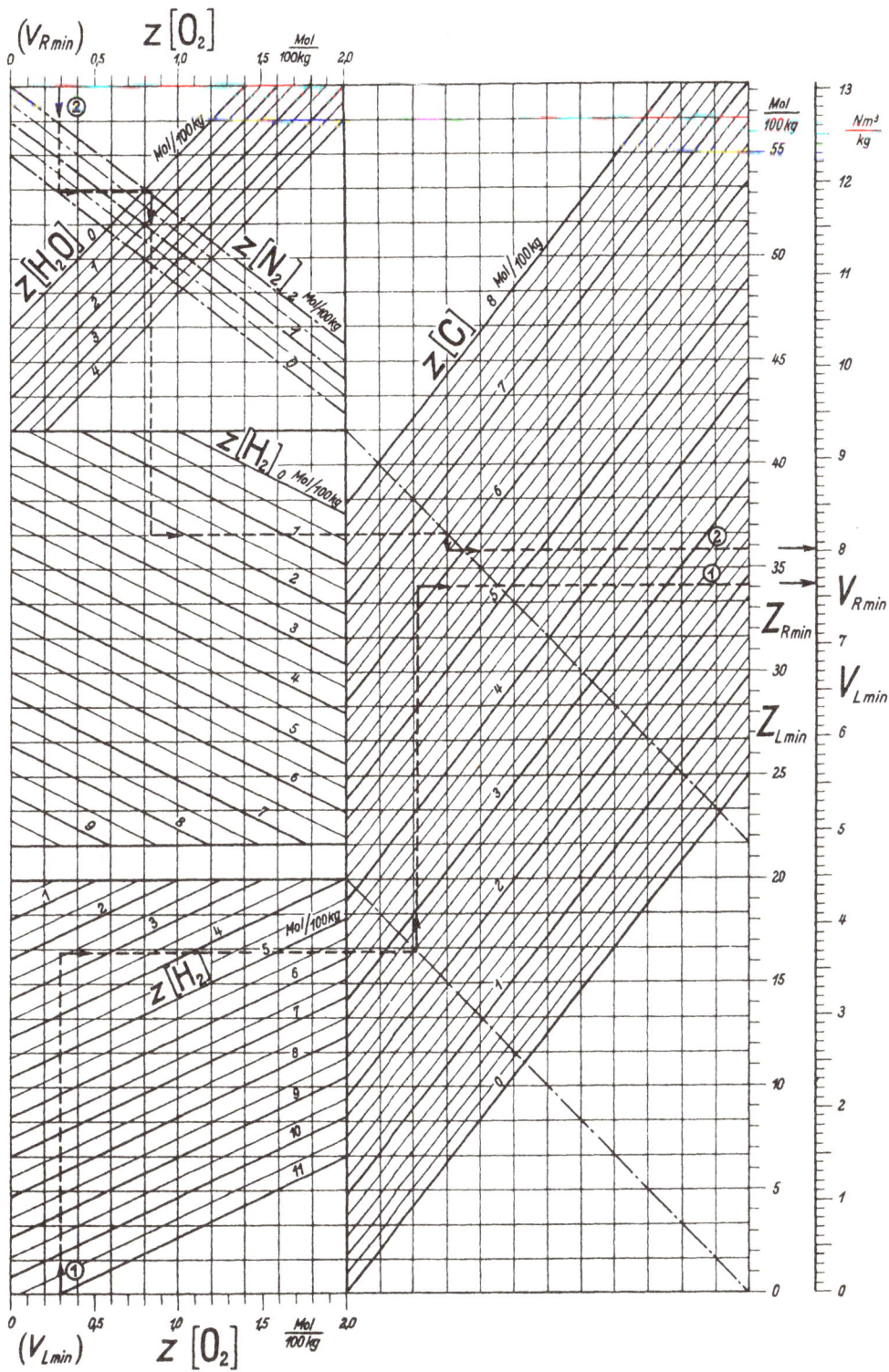

## Umrechnung auf Molzahl.

**Conversion to Mols. — Conversion en nombre de molécules kilogrammes.**

I.

| | | | | | |
|---|---|---|---|---|---|
| $g\,[H_2]$ | $^0/_0$ | Gewichtsanteil (des Wasserstoffs) | parts by weight (of hydrogen) | proportion en poids (de l'hydrogène) | 4,8 |
| $\mu$ | | Molekulargewicht (des Wasserstoffs) | molecular weight (of hydrogen) | poids moléculaire (de l'hydrogène) | $H_2 = 2$ |
| $z\,[H_2]$ | $\dfrac{\text{Mol}}{100\ \text{kg}}$ | spezifische Molzahl (des Wasserstoffs) | specific mol number (of hydrogen) | nombre spécifique des molécules kilogrammes (de l'hydrogène) | 2,4 |

II.

| | | | | | |
|---|---|---|---|---|---|
| $V_G$ | Nm³ | Gasvolumen | volume of gas | volume de gaz | 12 |
| $Z_G$ | Mol | Molzahl | mol number | nombre des molécules kilogrammes | 0,54 |

$$\boxed{\; z = \dfrac{g}{\mu} \;\left|\; z = \dfrac{v}{22{,}4} \;\right.}$$

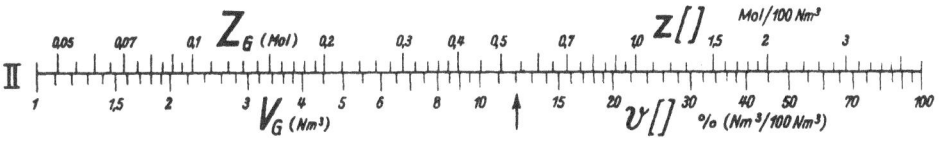

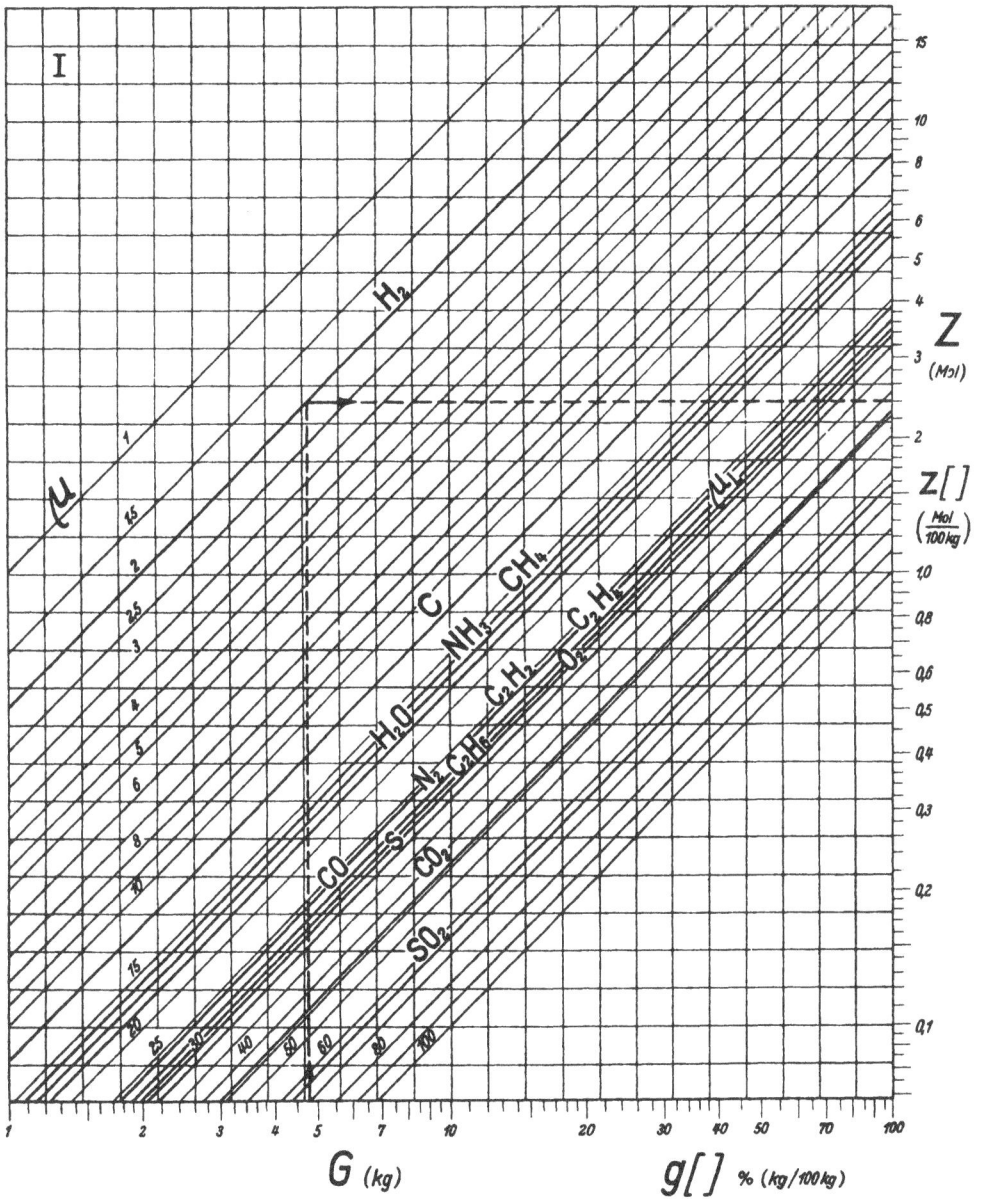

# Luftüberschußzahl.

## Excess Air Ratio. — Coefficient d'excès d'air.

| | | | | |
|---|---|---|---|---|
| $v\,[CO_2]_{max}\%$ | höchster Volumanteil der Kohlensäure | maximum carbon dioxide, parts by volume | proportion en volume maxima de l'acide carbonique | 18,7 |
| $v\,[CO_2]\ \%$ | (wirklicher) Volumanteil der Kohlensäure | real carbon dioxide, parts by weight | proportion en volume effective de l'acide carbonique | 13,9 |
| $\lambda$ | Luftüberschußzahl | excess air ratio | coefficient d'excès d'air | 1,34 |
| $\varepsilon = \dfrac{V_{R\,min}}{V_{L\,min}}$ | Mindest-Volumveränderung bei der Verbrennung | minimum change of volume on combustion | variation minima de volume due à la combustion | 1,04 |
| $\lambda_{korr}$ | korrigierter Wert der Luftüberschußzahl | corrected value of excess air ratio | valeur corrigée du coefficient d'excès d'air | 1,36 |

$$\lambda = \frac{v\,[CO_2]_{max}}{v\,[CO_2]}$$

$$\lambda_{korr} = 1 + \left( \frac{v\,[CO_2]_{max}}{v\,[CO_2]} - 1 \right) \varepsilon$$

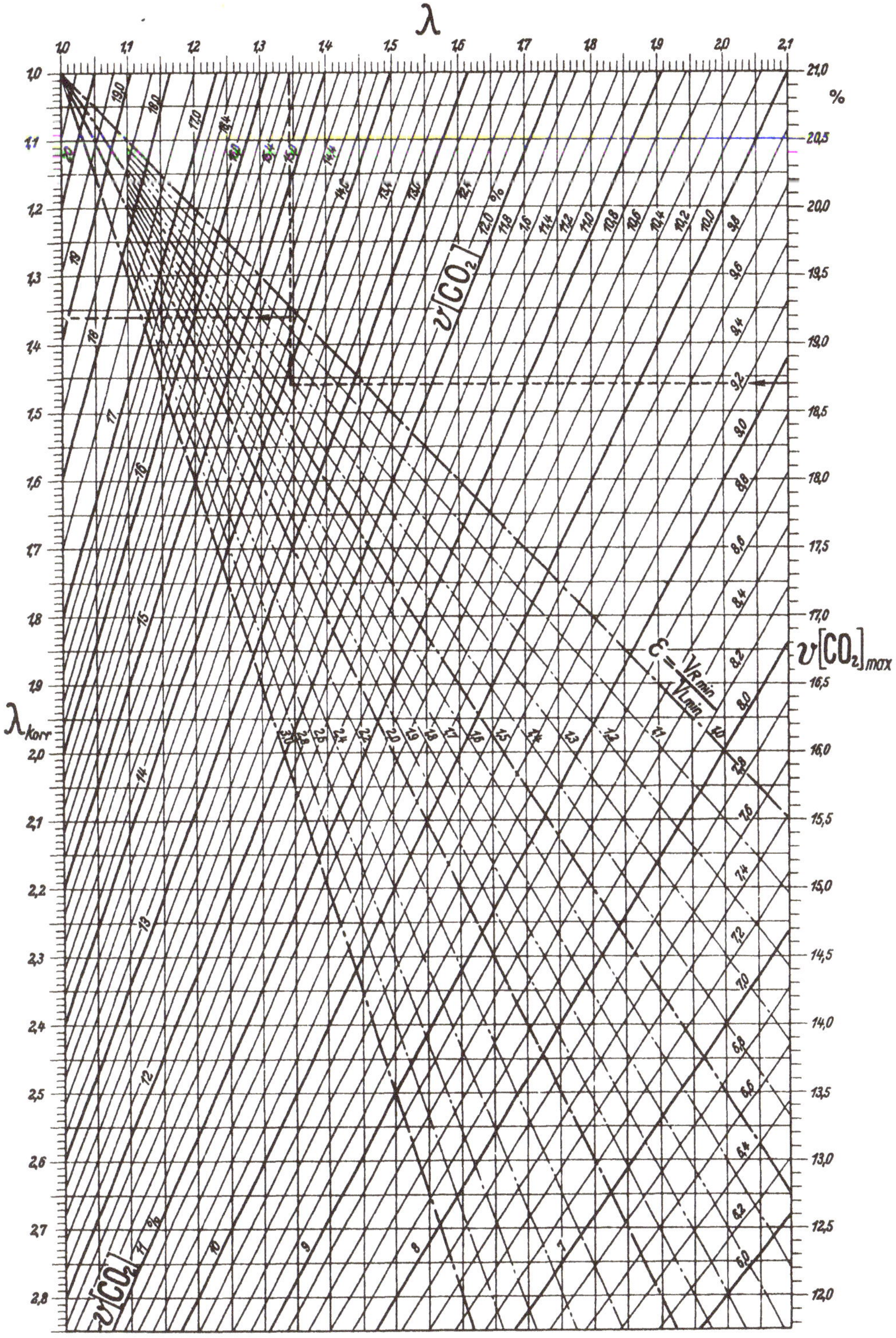

λ
$\lambda_{korr}$
%
$v[CO_2]$
$v[CO_2]_{max}$
$c = \frac{V_{R\,min}}{V_{L\,min}}$

# Verbrennungswärme.

## Heat of Combustion. — Chaleur de combustion.

①

**Feste Brennstoffe.** — Solid Fuels. — Combustibles solides    KB

| $H_u$ | $\dfrac{\text{kcal}}{\text{kg}}$ | unterer Heizwert | net calorific value | puissance calorifique nette | 7100 |
| $\lambda$ | | Luftüberschußzahl | excess air ratio | coefficient d'excès d'air | 1,35 |
| $i_v$ | $\dfrac{\text{kcal}}{\text{Nm}^3}$ | Verbrennungswärme | heat of combustion | chaleur de combustion | 666 |

②

**Gasförmige Brennstoffe.** — Gaseous Fuels. — Combustibles gazeux    GB

| $H_u$ | $\dfrac{\text{kcal}}{\text{Nm}^3}$ | unterer Heizwert | net calorific value | puissance calorifique nette | 4300 |
| $\lambda$ | | Luftüberschußzahl | excess air ratio | coefficient d'excès d'air | 1,25 |
| $i_v$ | $\dfrac{\text{kcal}}{\text{Nm}^3}$ | Verbrennungswärme | heat of combustion | chaleur de combustion | 687 |

$$i_v = \frac{H_u}{V_{R\,\text{min}} + (\lambda - 1)\,V_{L\,\text{min}}}$$

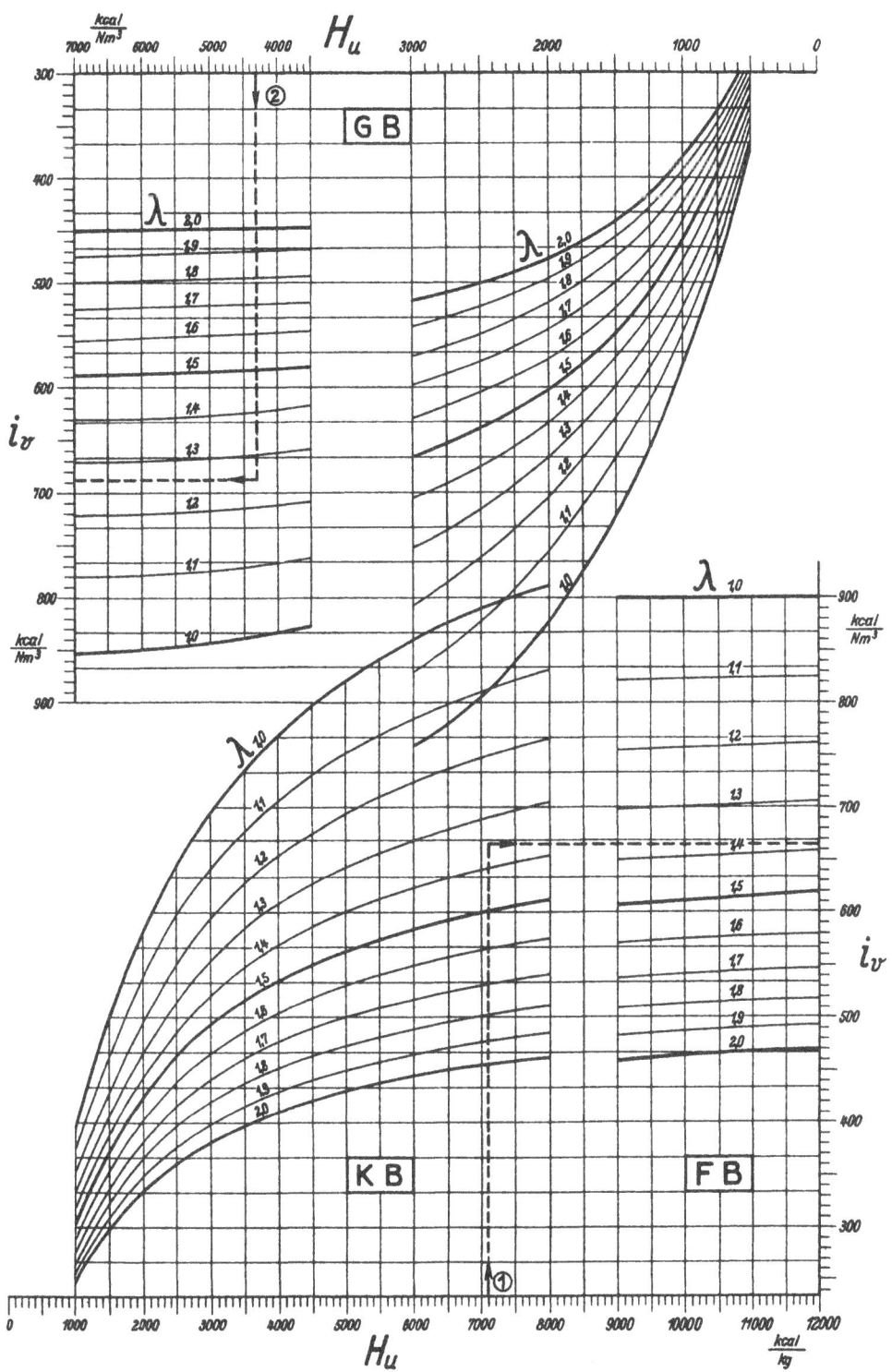

## Wärmeinhalt und Luftgehalt der Rauchgase.

### Heat Content and Air Content of Flue Gases.
### Contenance thermique et teneur en air des gaz de fumée.

| | | | | |
|---|---|---|---|---|
| $H_u \dfrac{\text{kcal}}{\text{kg}}$ | unterer Heizwert | net calorific value | puissance calorifique nette | 7100 |
| $\lambda$ | Luftüberschußzahl | excess air ratio | coefficient d'excès d'air | 1,35 |
| $v_L$ $^0/_0$ | Luftgehalt der Rauchgase | air content of flue gases | teneur en air des gaz de fumée | 25 |
| $i_R \dfrac{\text{kcal}}{\text{Nm}^3}$ | Wärmeinhalt der Rauchgase | heat content of flue gases | contenance thérmique des gaz de fumée | 666 |
| $t_R$ $^0$C | Temperatur der Rauchgase | temperature of flue gases | température des gaz de fumée | 1720 |

**Brennstoffarten.** — Kinds of Fuel. — Nature du combustible.

| | | | |
|---|---|---|---|
| $KB$ | Feste Brennstoffe | solid fuels | combustibes solides |
| $FB$ | Flüssige Brennstoffe | liquid fuels | combustibles liquides |
| $GB$ | Gasförmige Brennstoffe | gaseous fuels | combustibles gazeux |

$$v_L = \frac{(\lambda - 1)\, V_{L\,\min}}{V_{R_0}}$$

Rosin-Fehling, *It*-Diagramm der Verbrennung. Berlin 1929.

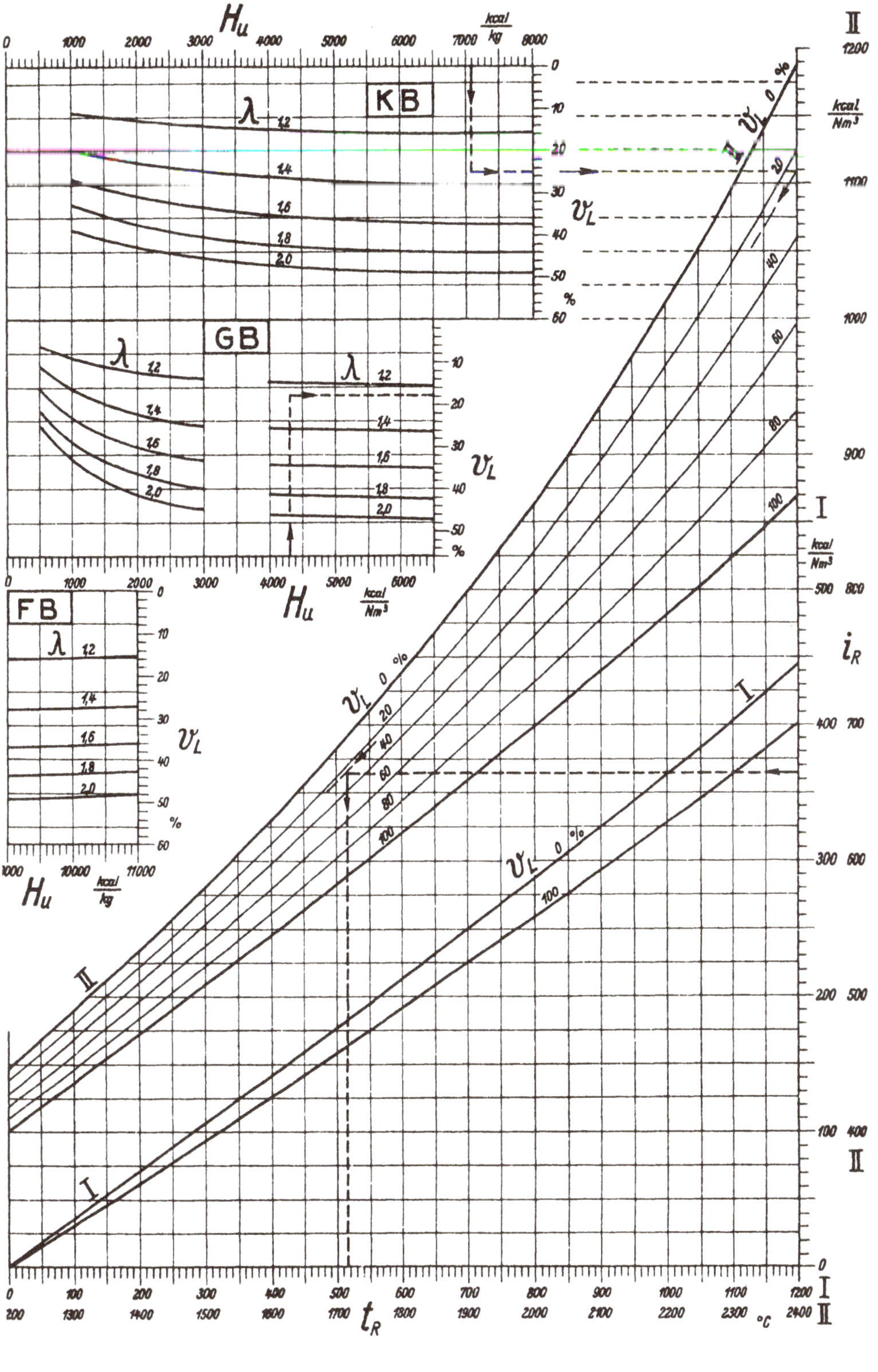

Hu
0 1000 2000 3000 4000 5000 6000 7000 8000 kcal/kg
KB
λ 1,2 1,4 1,6 1,8 2,0
0 10 20 30 40 50 60 %
ϑL
GB
λ 1,2 1,4 1,6 1,8 2,0
10 20 30 40 50 %
0 1000 2000 3000 4000 5000 6000
Hu kcal/Nm³
FB
λ 1,2 1,4 1,6 1,8 2,0
0 10 20 30 40 50 60 %
9000 10000 11000
Hu kcal/kg
II ϑL 0 % 20 40 60 80 100
I ϑL 0 % 100
iR
kcal/Nm³
I kcal/Nm³ 0 100 200 300 400 500
II 400 500 600 700 800 900 1000 1100 1200
tR
I 0 100 200 300 400 500 600 700 800 900 1000 1100 1200
II 1200 1300 1400 1500 1600 1700 1800 1900 2000 2100 2200 2300 2400 °C

# Taupunkt der Rauchgase.

### Dew Point of Flue Gases. — Point de rosée des gaz de fumée.

| | | | | | |
|---|---|---|---|---|---|
| $V_{W_0}$ | $\dfrac{\text{Nm}^3}{\text{kg}}$ | Wasserdampfgehalt der Rauchgase (bez. auf Normalzustand) | water-vapour content of flue gases (0° C — 760 mm Hg) | teneur en vapeur d'eau des gaz de fumée (0° C — 760 mm de mercure) | 0,6 |
| $V_{R_0}$ | $\dfrac{\text{Nm}^3}{\text{kg}}$ | Rauchgasvolumen (Normalzustand) | volume of flue gases (0° C — 760 mm Hg) | volume des gaz de fumée (0° C — 760 mm de mercure) | 10,65 |
| $p_R$ | at abs | Druck der Rauchgase | pressure of flue gases | pression des gaz de fumée | 1,033 |
| $p_t$ | at abs | Partialdruck des Wasserdampfes | partial pressure of water-vapour | pression partielle de la vapeur d'eau | 0,0585 |
| $t_t$ | °C | Taupunkt der Rauchgase | dew point of flue gases | point de rosée des gaz de fumée | 35,3 |

$$\boxed{p_t = p_R \cdot \frac{V_{W_0}}{V_{R_0}}}$$

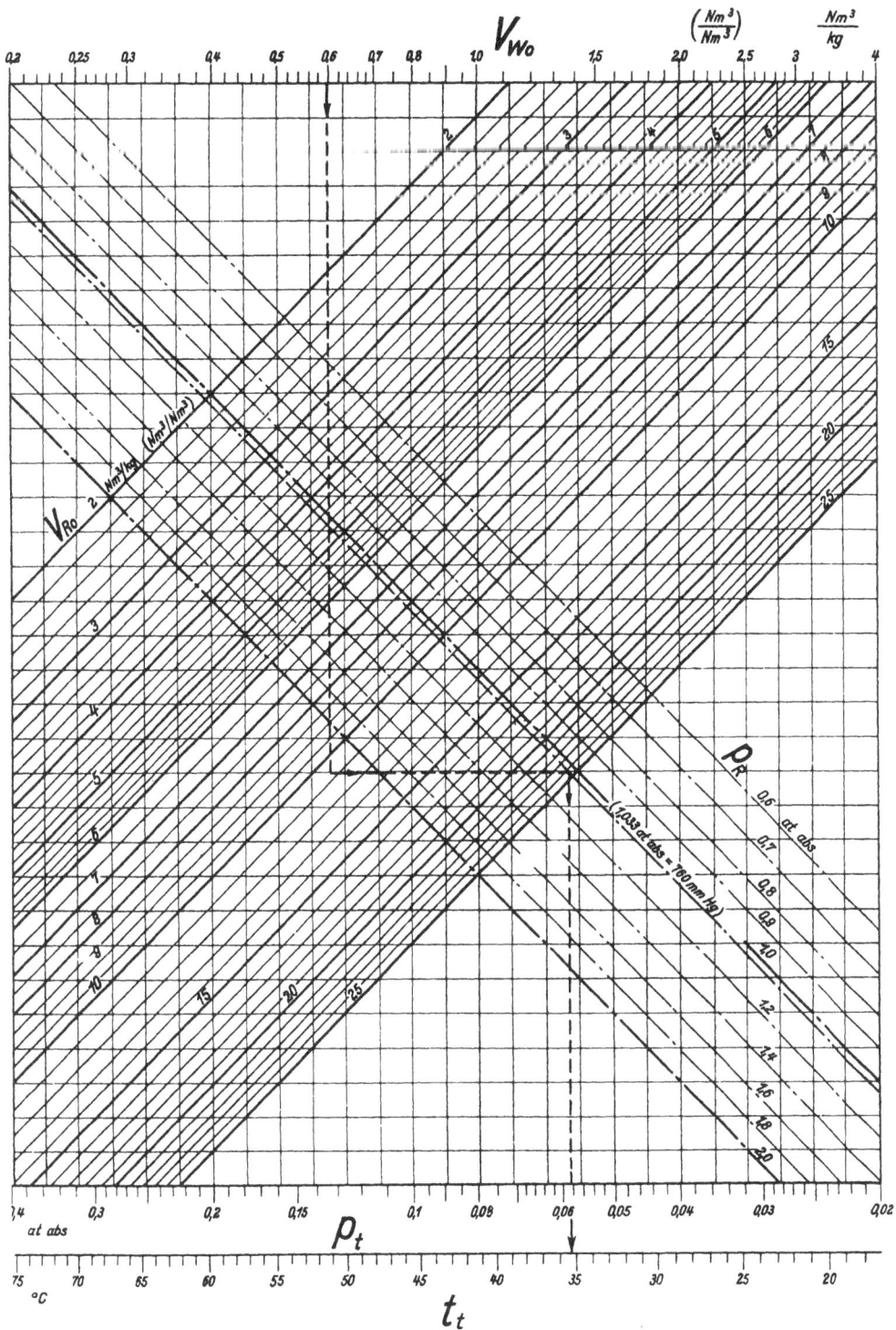

## Schornstein-Zugstärke.

### Chimney Draught. — Tirage de la cheminée.

| | | | | | |
|---|---|---|---|---|---|
| $H_u$ | $\dfrac{\text{kcal}}{\text{kg}}$ | unterer Heizwert | net calorific value | puissance calorifique nette | 7100 |
| $\lambda$ | | Luftüberschußzahl | excess air ratio | coefficient d'excès d'air | 1,35 |
| $\gamma_{R_0}$ | $\dfrac{\text{kg}}{\text{Nm}^3}$ | spezifisches Gewicht der Rauchgase (bez. auf Normalzustand) | density of flue gases (referred to $0^0$ C and 760 mm Hg) | poids spécifique des gaz de fumée (rapportés à $0^0$ C et 760 mm de mercure) | 1,326 |
| $t_R$ | $^0$C | Rauchgastemperatur | temperature of flue gases | température des gaz de fumée | 190 |
| $t_a$ | $^0$C | Außentemperatur | outside temperature | température extérieure | 15 |
| $h_{sch}$ | m | Schornsteinhöhe | chimney height | hauteur de cheminée | 85 |
| $P_{sch}$ | mm $H_2O$ | Zugstärke des Schornsteins | available chimney draught | tirage de la cheminée | 37,5 |

$$P_{sch} = h_{sch} \left( \gamma_{L_0} \frac{273}{t_a + 273} - \gamma_{R_0} \frac{273}{t_R + 273} \right)$$

Gumz, W., Feuerungstechnisches Rechnen. Leipzig 1931.

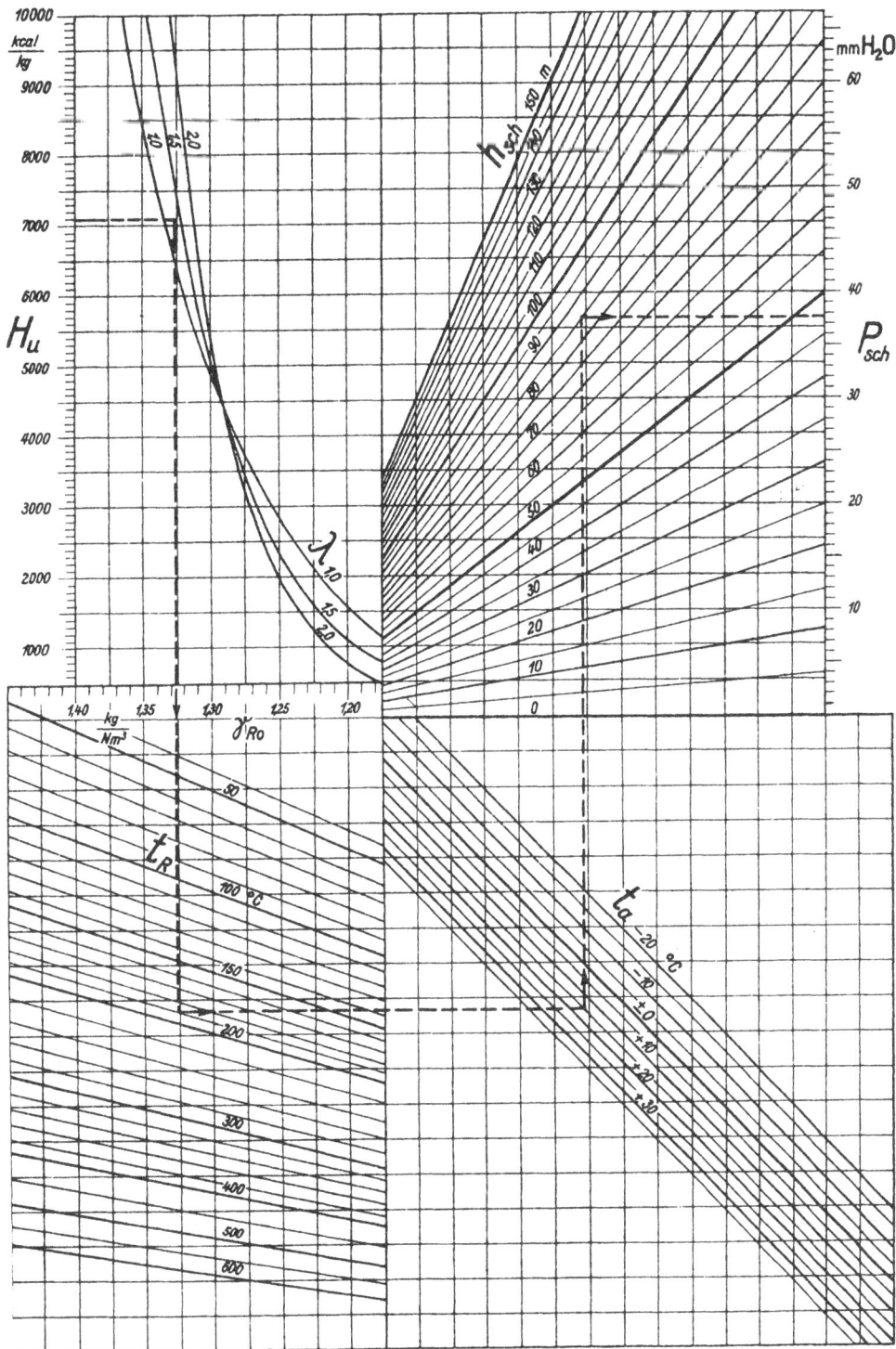

# Natronzahl.

### Soda Number. — Coefficient d'alcalinité.

| | | | | |
|---|---|---|---|---|
| PA | Phenolphthalein-Alkalität | phenolphtalein alcalinity | alcalinité de la phénolphtaleine | 14 |
| MA | Methylorange-Alkalität | methyl orange alcalinity | alcalinité du méthyl orange | 22 |
| $g\,[\text{NaOH}]\,\dfrac{\text{mg}}{\text{l}}$ | Gehalt an Ätznatron | content of sodium hydrate | teneur en soude caustique | 240 |
| $g\,[\text{Na}_2\text{CO}_3]\,\dfrac{\text{mg}}{\text{l}}$ | Gehalt an Soda | content of carbonate of soda | teneur en carbonate de sodium | 850 |
| $\nu$ | Natronzahl | soda number | coefficient d'alcalinité | 430 |

$$g\,[\text{NaOH}] = 40\,(2\,\text{PA} - \text{MA})$$
$$g\,[\text{Na}_2\text{CO}_3] = 106\,(\text{MA} - \text{PA})$$

$$\nu = \frac{g\,[\text{Na}_2\text{CO}_3]}{4{,}5} + g\,[\text{NaOH}]$$

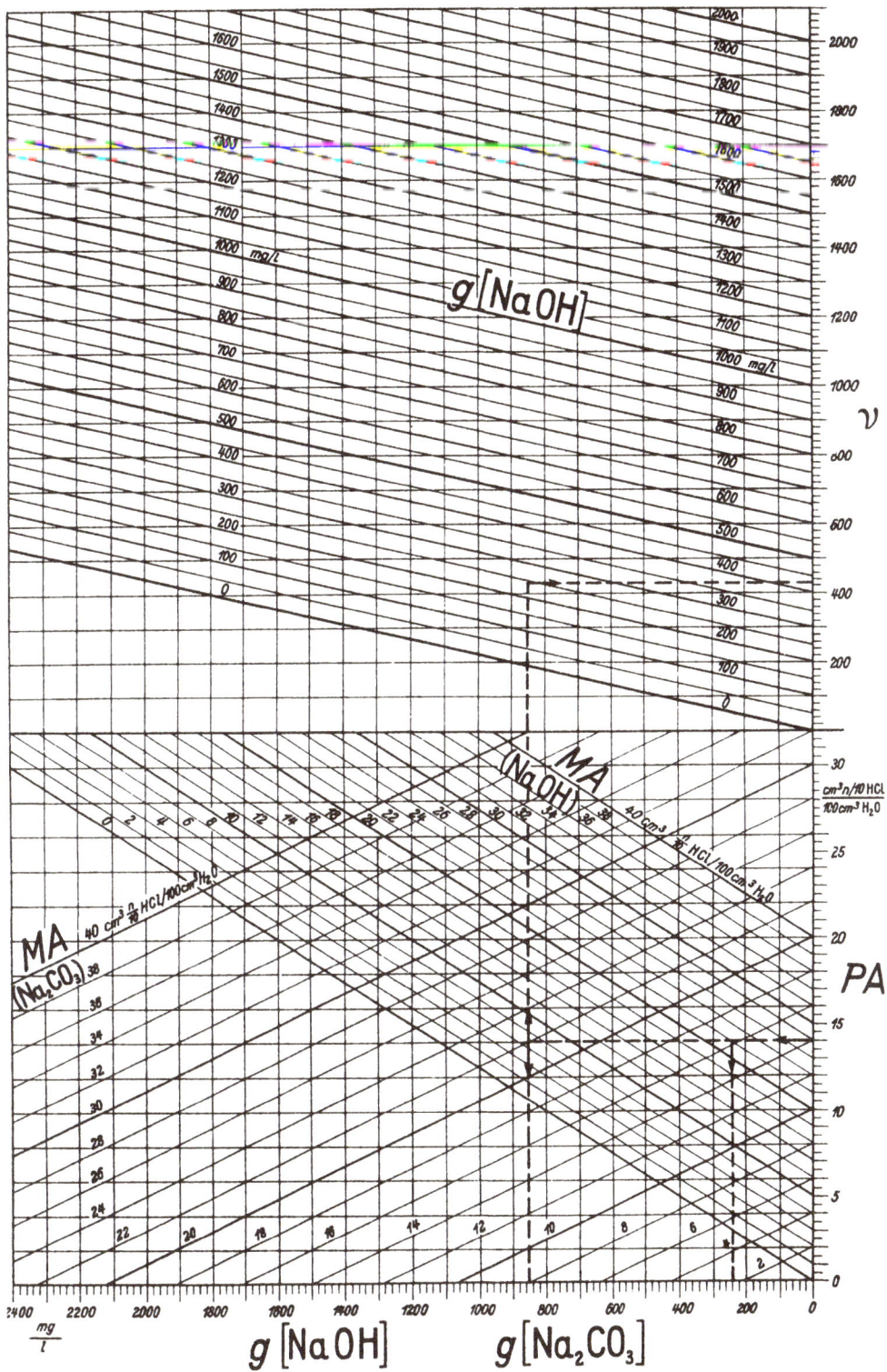

# Umrechnung der Härtegrade.

**Conversion of the Degree of Hardness. — Conversion des degrés de dureté.**

| | | | | |
|---|---|---|---|---|
| $gS\frac{mg}{l}$ | Salzgehalt | salt content | teneur en sels | 240 |
| | Stoffart | kind of salt | nature du sel | NaOH |
| | Meßart | kind of measurement | méthode de mesure | $dH$ |
| $d\quad^0$ | Härtegrad | degree of hardness | degré de dureté | 33,8 |

**Meßarten. — Kinds of Measurement. — Méthode de mesure     $1^0 =$**

| | | | | |
|---|---|---|---|---|
| $dH$ | deutsche Härtegrade | German degree of hardness | degré de dureté allemand | $10\,\frac{mg}{l}\,CaO$ |
| $eH$ | englische Härtegrade | English degree of hardness | degré de dureté anglais | $12{,}5\,\frac{mg}{l}\,CaCO_3$ |
| $fH$ | französische Härtegrade | French degree of hardness | degré de dureté français | $10\,\frac{mg}{l}\,CaCO_3$ |
| mnorm | Millinorm | millinorm | millinorm | $28\,\frac{mg}{l}\,CaO$ |

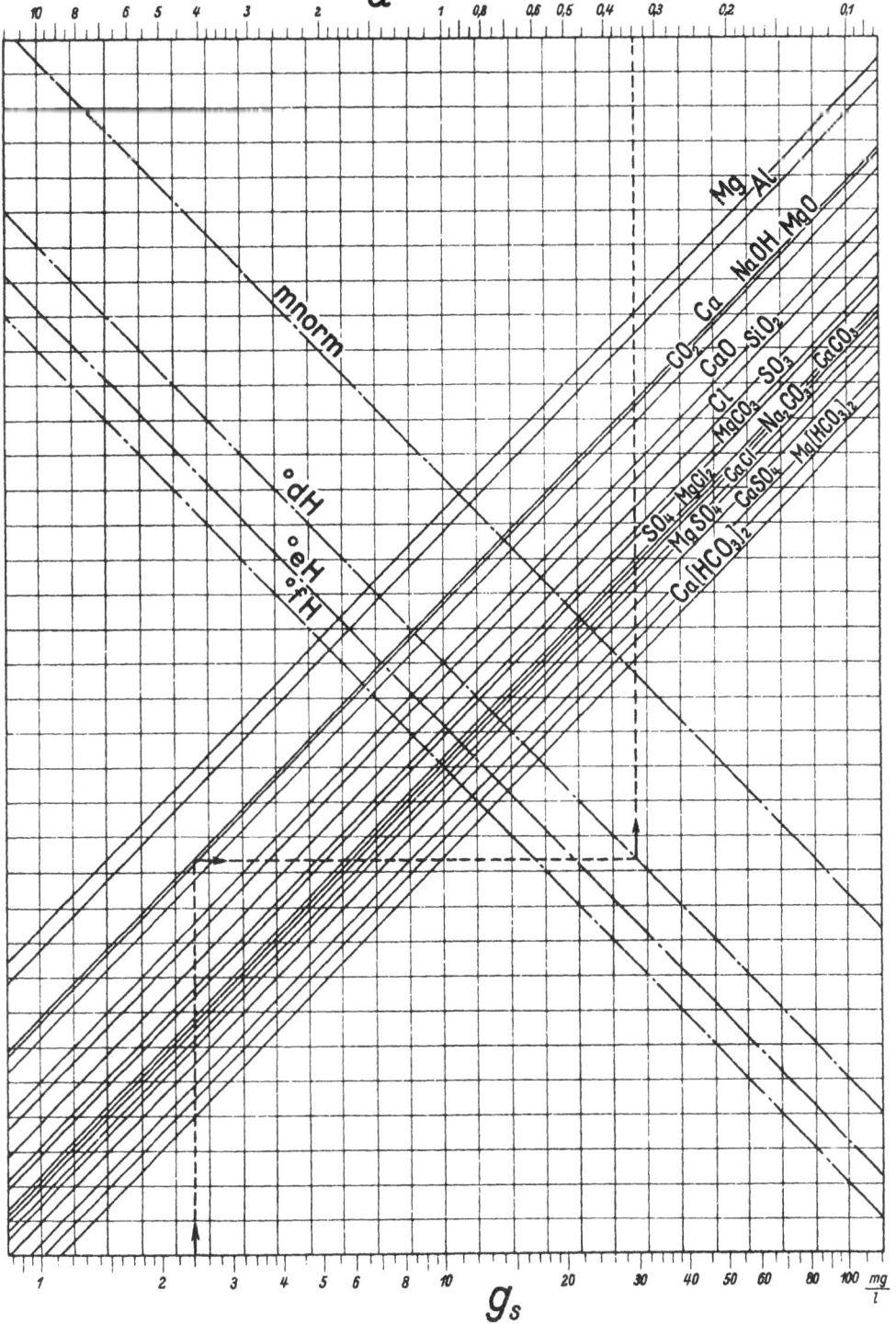

## Salzgehalt des Kesselwassers.

**Salt Content of the Boiler Water. — Teneur en sels de l'eau de la chaudière.**

**I.**

| | | | | | |
|---|---|---|---|---|---|
| $p_k$ | atü | Kesseldruck | boiler pressure | pression dans la chaudière | 34 |
| $g\,S_k$ | ⁰ Bé | (zulässiger) Salz-gehalt des Kessel-wassers | (permissible) salt content of the boiler water | teneur en sels ad-missible de l'eau de la chaudière | 0,74 |
| $g\,S_w$ | $\dfrac{mg}{l}$ | Salzgehalt des Speisewassers | salt content of the feed water | teneur en sels de l'eau d'alimen-tation | 150 |
| $m_{W\,ab}$ | % | abzulassende Was-sermenge | quantity of water to draw off | quantité d'eau à évacuer | 2,07 |

**II.  Sulfatgehalt. —** Content on Sulphate. — Teneur en sulfate.

| | | | | | |
|---|---|---|---|---|---|
| $p_k$ | atü | Kesseldruck | boiler pressure | pression dans la chaudière | 34 |
| $\sigma = \dfrac{g\,[Na_2SO_4]}{g\,[Na_2CO_3]}$ | | Sulfatverhältnis | sulphate ratio | rapport du sulfate au carbonate | 1 : 3,65 |

Stumper, R., Speisewasser im neuzeitlichen Dampfkraftbetrieb. Berlin 1931.

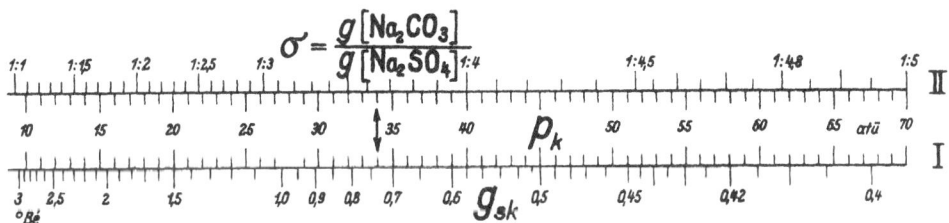

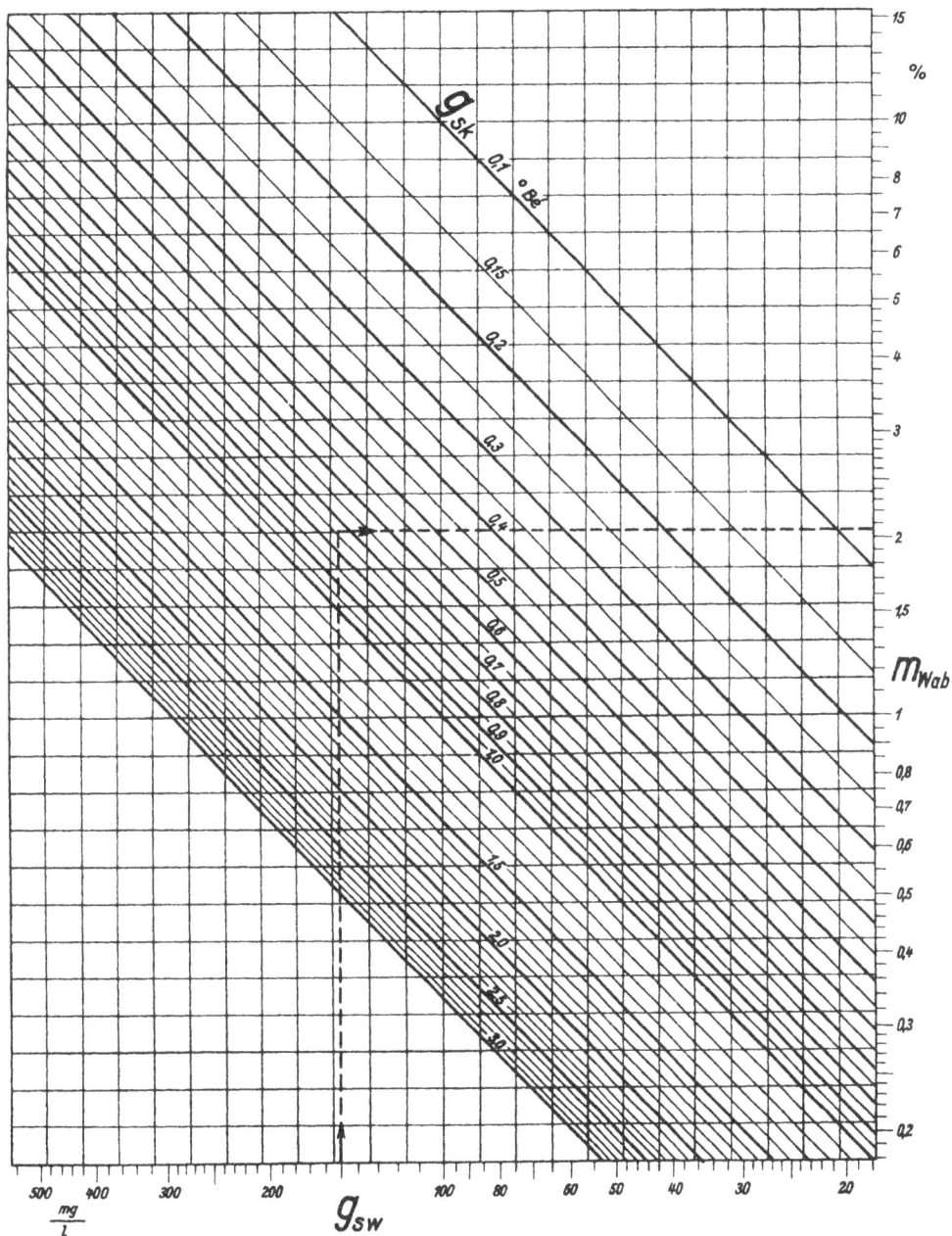

## Berichtigung der Dichte.

### Correction of Density. — Correction de la densité.

| | | | | | |
|---|---|---|---|---|---|
| $\delta$ | $^0$Bé | gemessener Wert der Dichte | measured value of density | valeur mesurée de la densité | 0,4 |
| $t_w$ | $^0$C | Temperatur der Wasserprobe | temperature of the water sample | température de l'échantillon d'eau | 35 |
| $p_k$ | atü | Kesseldruck | boiler pressure | pression dans la chaudière | 34 |
| $\delta_{korr}$ | $^0$Bé | berichtigter Wert der Dichte | corrected value of density | valeur corrigée de la densité | 0,81 |

Otte, W., Untersuchung von chemisch gereinigten Kesselwassern. Wärme, Bd. 55 (1932), S. 384.

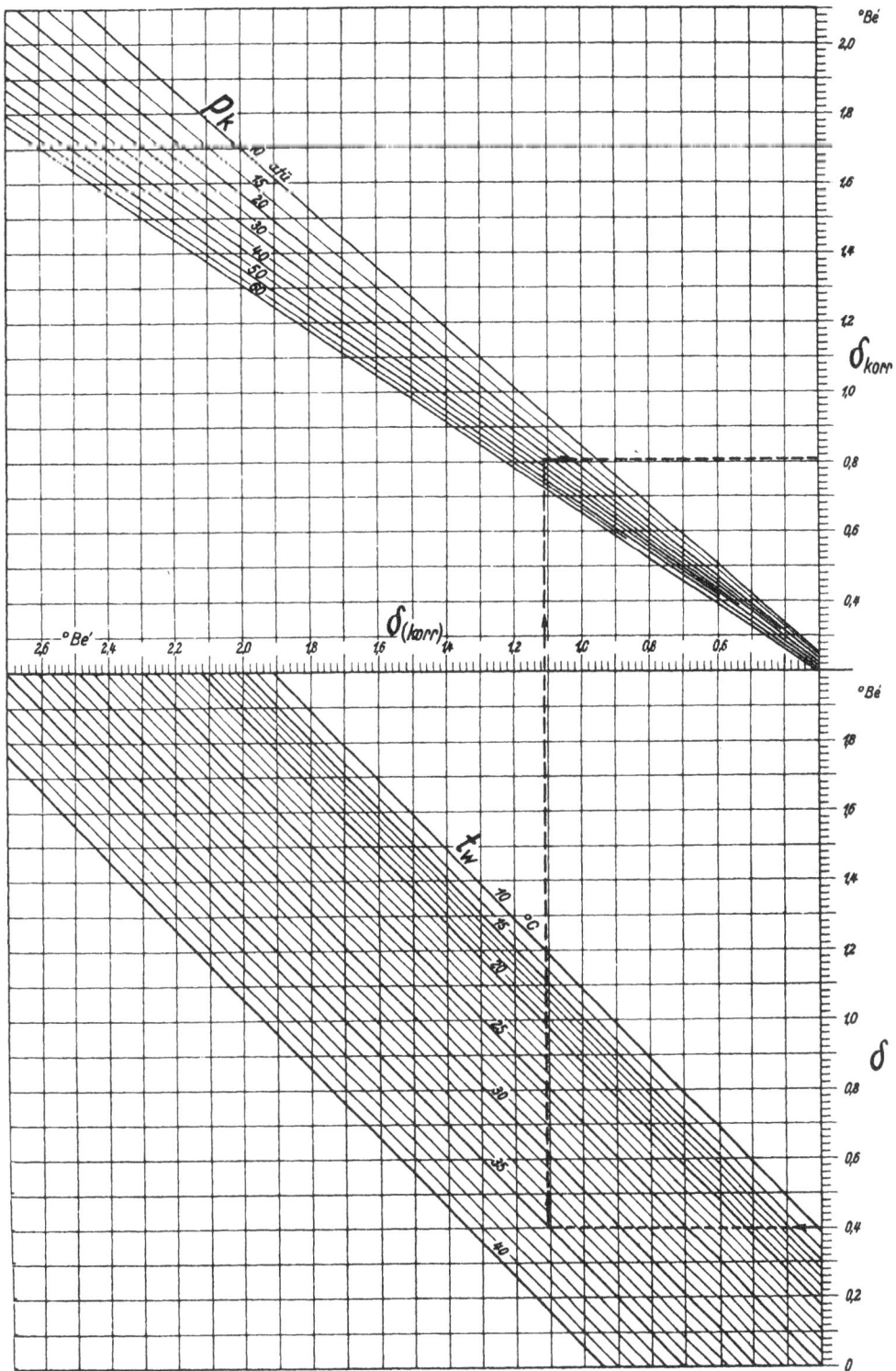

## Gasgehalt des Wassers.

Gas Content of the Water. — Teneur en gaz de l'eau.

I.

| | | | | | |
|---|---|---|---|---|---|
| $t_W$ | $^0$C | Wassertemperatur | water temperature | température de l'eau | 38 |

①

| $v\,[N_2]_1$ | $\dfrac{cm^3}{l}$ | Löslichkeit des Stickstoffs | solubility of nitrogen | solubilité de l'azote | 12,2 |
|---|---|---|---|---|---|
| $v\,[N_2]$ | $\dfrac{cm^3}{l}$ | Gehalt des Wassers (bei Atmosphärendruck) an Stickstoff | content of water (at atmospheric pressure) of nitrogen | teneur de l'eau (à la pression atmosphérique) en azote | 9,6 |

②

| $v\,[O_2]_1$ | $\dfrac{cm^3}{l}$ | Löslichkeit des Sauerstoffs | solubility of oxygen | solubilité de l'oxygène | 23,5 |
|---|---|---|---|---|---|
| $v\,[O_2]$ | $\dfrac{cm^3}{l}$ | Gehalt des Wassers an Sauerstoff | content of water of oxygen | teneur de l'eau en oxygène | 4,9 |

③

| $v\,[CO_2]_1$ | $\dfrac{cm^3}{l}$ | Löslichkeit der Kohlensäure | solubility of carbon dioxide | solubilité de l'acide carbonique | 555 |
|---|---|---|---|---|---|
| $v\,[CO_2]$ | $\dfrac{cm^3}{l}$ | Gehalt des Wassers an Kohlensäure | content of water of carbon dioxide | teneur de l'eau en acide carbonique | 0,2 |

II.

| | | | | | |
|---|---|---|---|---|---|
| $m_{W\,zus}$ | $^0/_0$ | Zusatzwassermenge | quantity of make-up water | quantité d'eau d'appoint | 6,0 |
| $p_k$ | atü | Kesseldruck | boiler pressure | pression dans la chaudière | $> 20$ |
| $g\,[O_2]_{zul}$ | $\dfrac{mg}{l}$ | zulässiger Sauerstoffgehalt im Zusatzwasser | permissible oxygen content in the make-up water | teneur en oxygène pouvant être admise dans l'eau d'appoint | 5,0 |

Stumper, R., Speisewasser im neuzeitlichen Dampfkraftbetrieb. Berlin 1931.

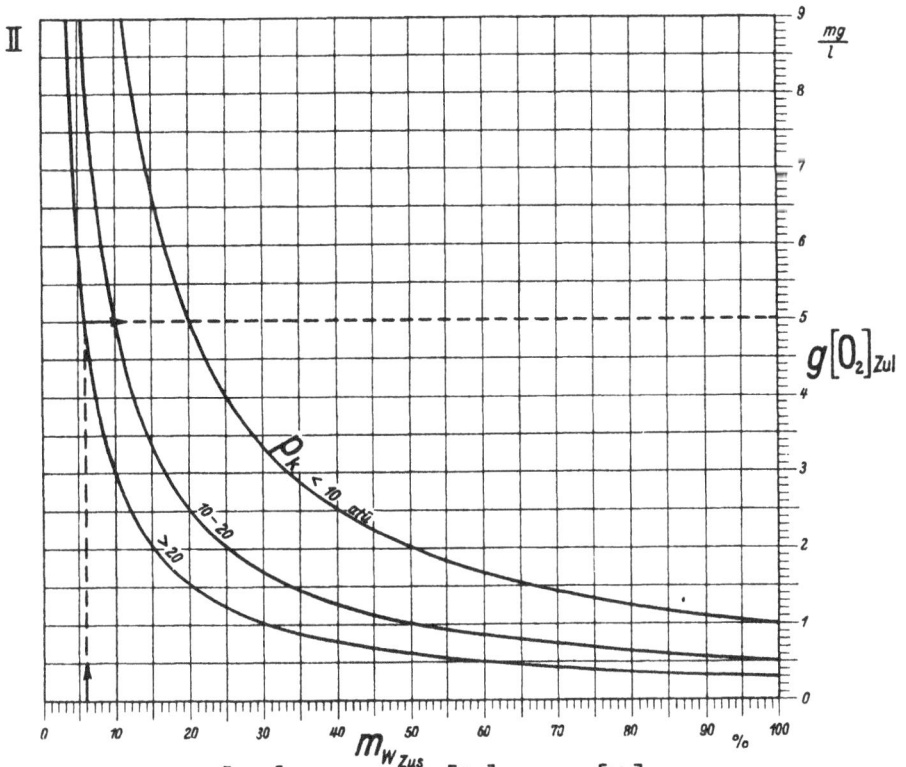

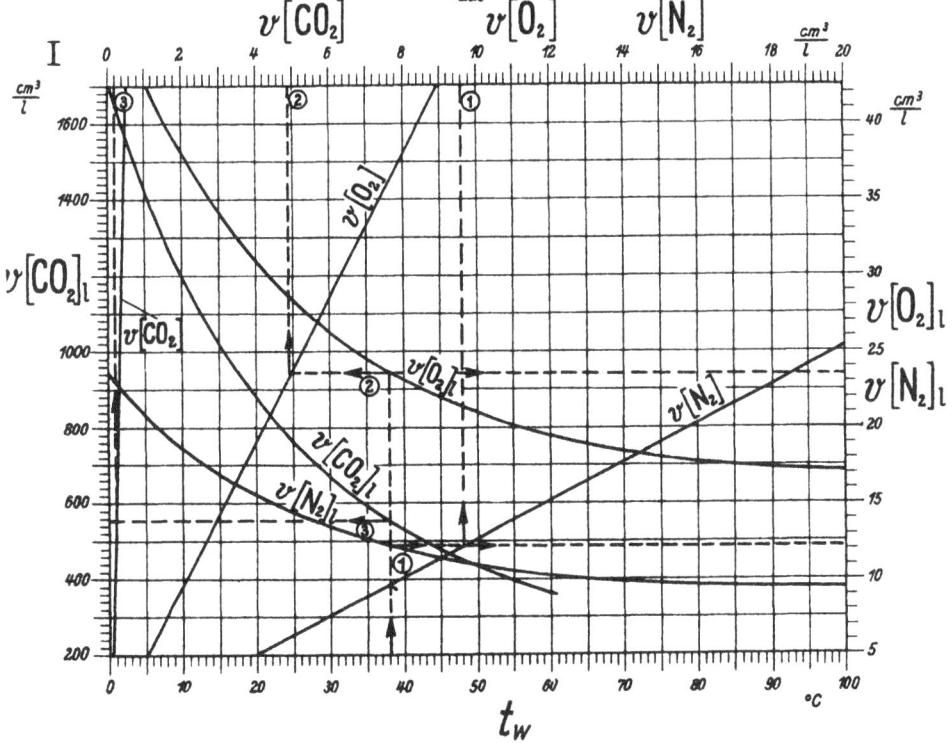

# Kesselleistung.

### Boiler Output. — Production de la chaudière.

| | | | | | | |
|---|---|---|---|---|---|---|
| $i_D$ | $\dfrac{\text{kcal}}{\text{kg}}$ | Wärmeinhalt des Dampfes | heat content of steam | contenance thérmique de vapeur | 799 |
| $i_W$ | $\dfrac{\text{kcal}}{\text{kg}}$ | Wärmeinhalt des Speisewassers | heat content of feed water | contenance thérmique de l'eau d'alimentation | 38 |
| $M_k$ | t/h | Kesselleistung | boiler output | production de la chaudière | 10,5 |
| $Q_k$ | $\dfrac{10^6\,\text{kcal}}{\text{h}}$ | Wärmeleistung des Kessels | thermal output of the boiler | capacité calorifique de la chaudière | 8,0 |
| $F_k$ | m² | Heizfläche des Kessels | heating surface of the boiler | surface de chauffe de la chaudière | 300 |

$$①$$

| | | | | | |
|---|---|---|---|---|---|
| $q_k$ | $\dfrac{10^3\,\text{kcal}}{\text{m}^2\,\text{h}}$ | spezifische Wärmeleistung des Kessels | specific thermal output of boiler | capacité calorifique spécifique de la chaudière | 26,5 |

$$②$$

| | | | | | |
|---|---|---|---|---|---|
| $m_k$ | $\dfrac{\text{kg}}{\text{m}^2\,\text{h}}$ | Heizflächenbelastung | evaporation, in kg. per sq. metre of heating surface per hour | production de vapeur par unité de surface de chauffe | 35,0 |

$$Q_k = \frac{M_k\,(i_D - i_W)}{1000} \qquad q_k = \frac{1000 \cdot Q_k}{F_k} \qquad m_k = \frac{1000 \cdot M_k}{F_k}$$

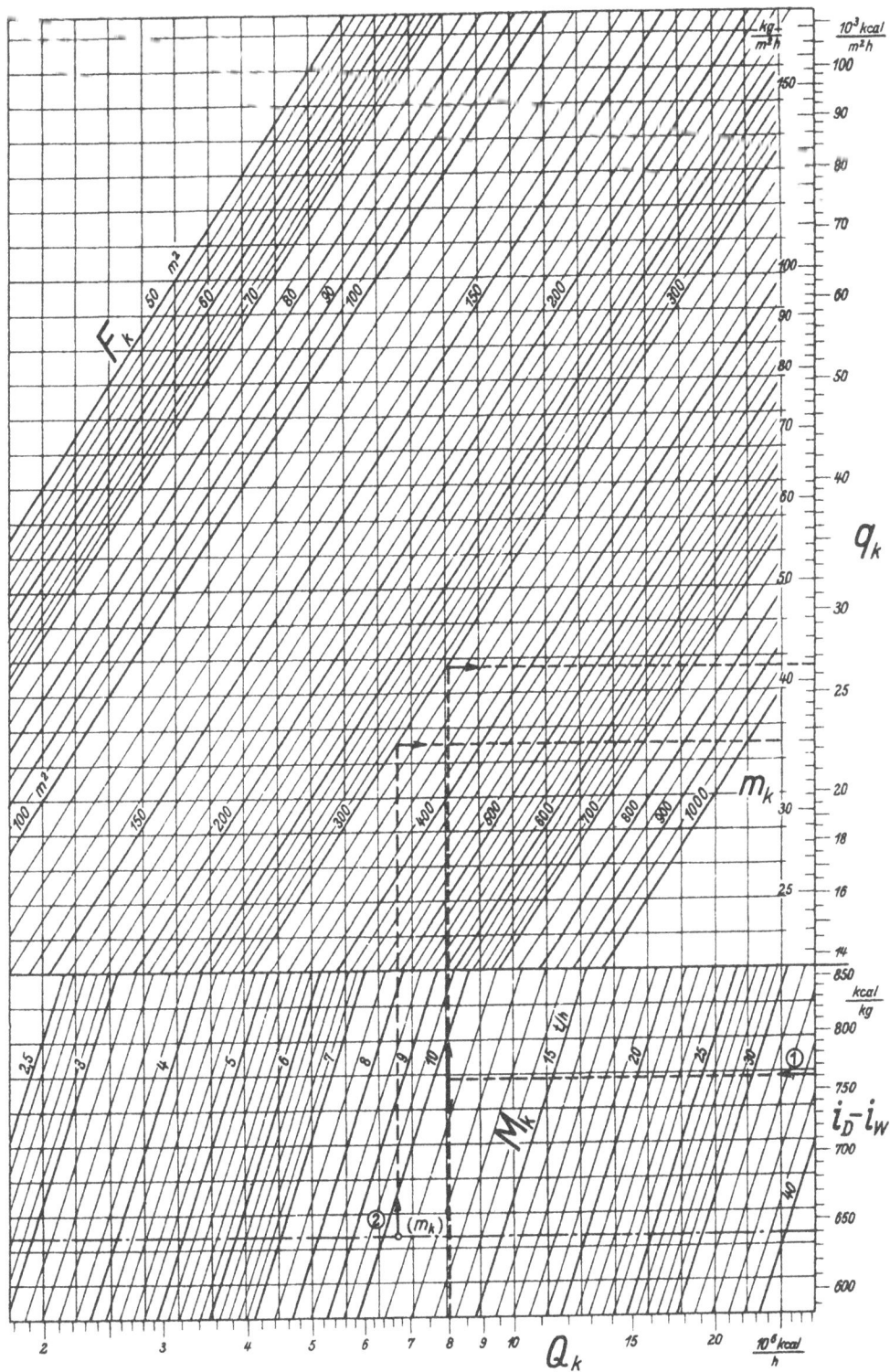

# Sattdampf.

## Saturated Steam. — Vapeur saturée.

| | | | | | ① | ② |
|---|---|---|---|---|---|---|
| $t_s$ | °C | Sättigungstempe-<br>ratur | saturation tempe-<br>rature | température de sa-<br>turation | 38 | 241,5 |
| | | Kurventeil | part of curve | partie de la courbe | I | III |
| $p_s$ at abs | | Sättigungsdruck | saturation pressure | pression de satura-<br>tion | 0,065 | 35 |

Knoblauch, Raisch, Hausen, Koch, Tabellen und Diagramme für Wasserdampf. München 1932.

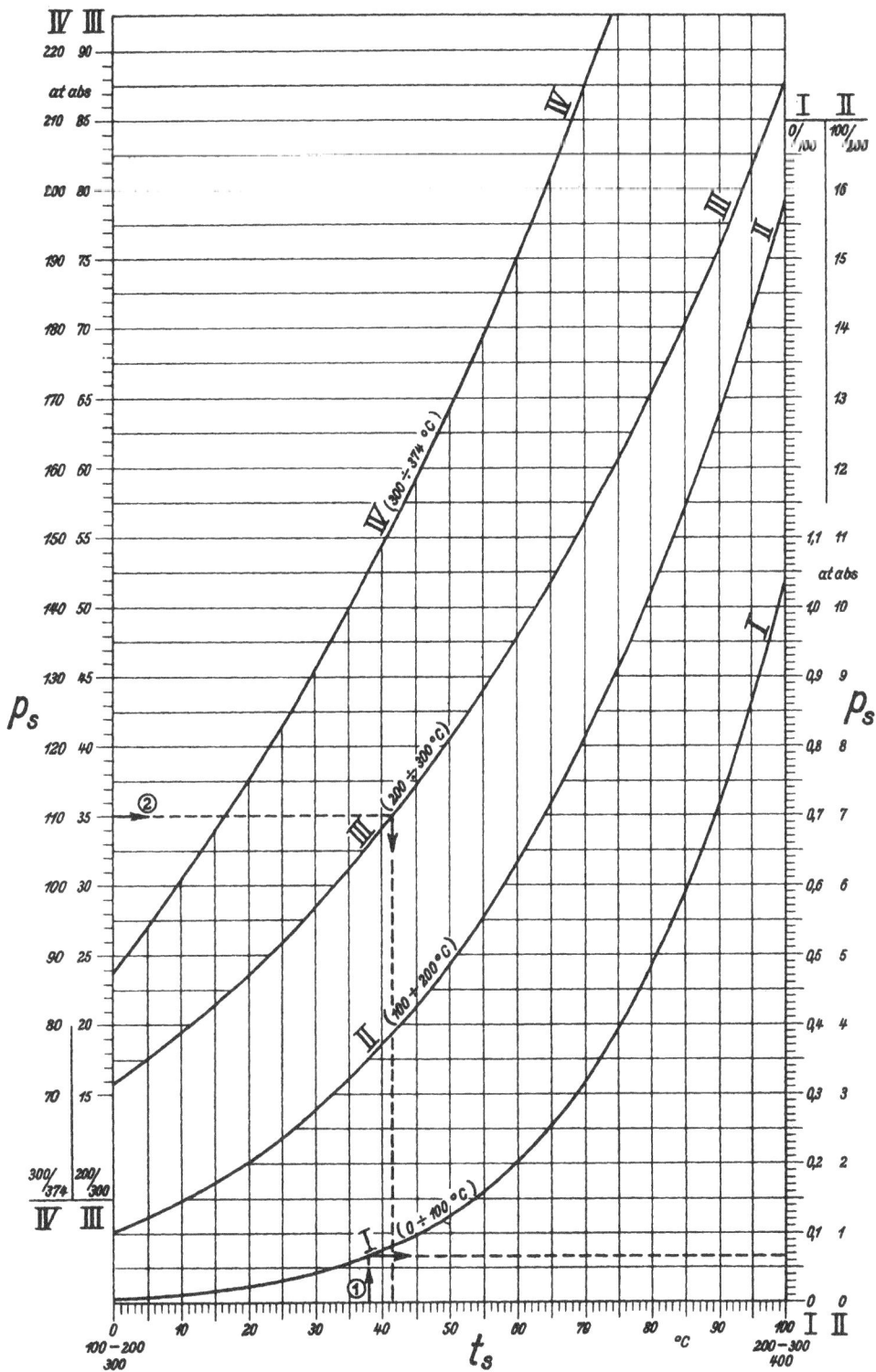

# Wärmeinhalt von Dampf und Wasser.

## Heat Content of Steam and Water. — Contenance thérmique de la vapeur et de l'eau.

①

| | | | | | |
|---|---|---|---|---|---|
| $p_D$ | at abs | Dampfdruck | steam pressure | pression de la vapeur | 35 |
| $t_D$ | °C | Dampftemperatur | steam temperature | température de la vapeur | 450 |
| $i_D$ | $\dfrac{\text{kcal}}{\text{kg}}$ | Wärmeinhalt des Dampfes | heat content of steam | contenance thérmique de vapeur | 799 |

②

| | | | | | |
|---|---|---|---|---|---|
| $p_W$ | at abs | Druck des Wassers | pressure of water | pression de l'eau | 12 |
| $i_W$ | $\dfrac{\text{kcal}}{\text{kg}}$ | Wärmeinhalt des Wassers | heat content of water | contenance thérmique de l'eau | 189,5 |

Knoblauch, Raisch, Hausen, Koch, Tabellen und Diagramme für Wasserdampf. München 1932.

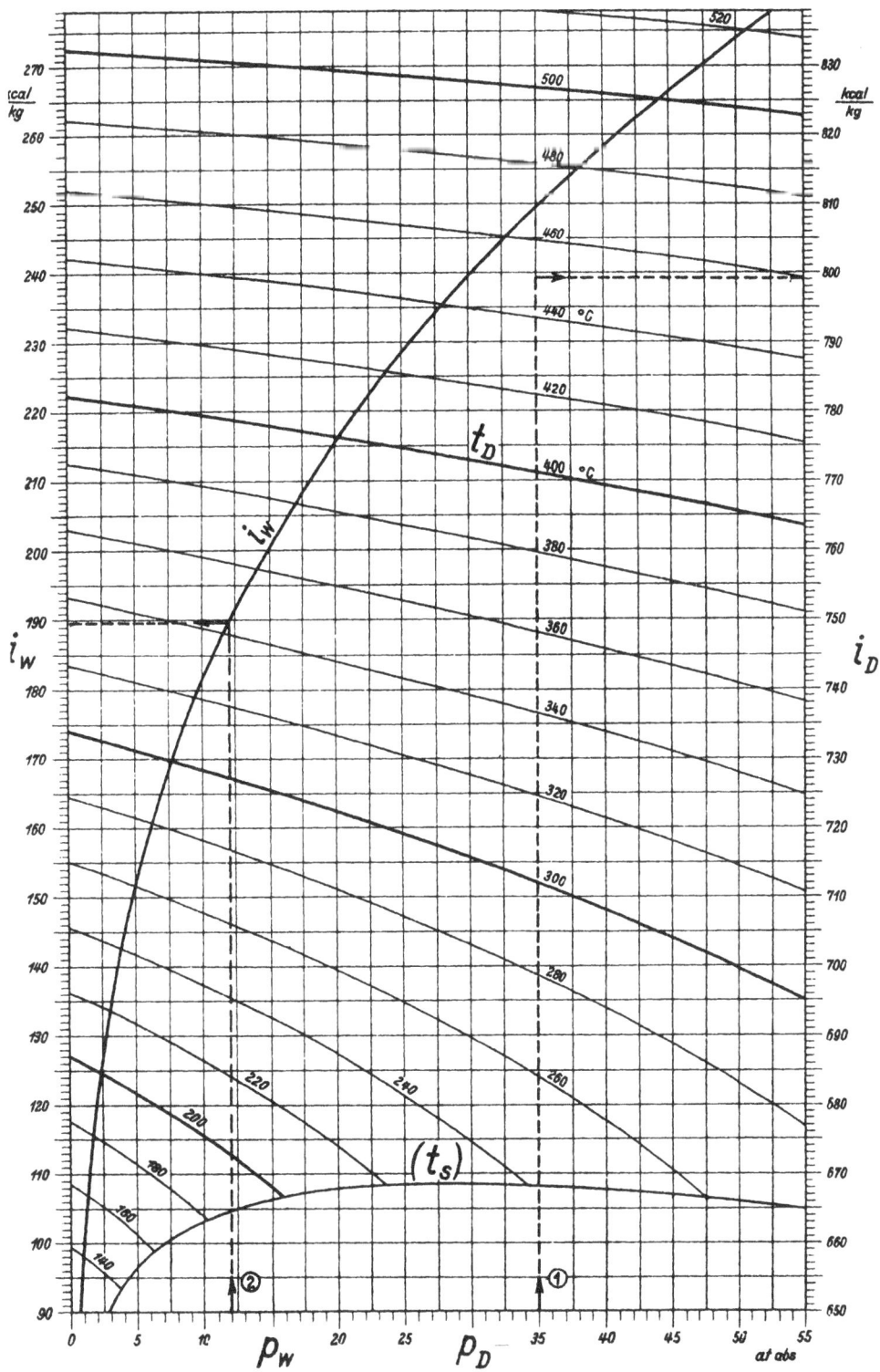

**26**

# Spezifisches Gewicht von Dampf und Wasser.

**Density of Steam and Water. — Poids spécifique de la vapeur et de l'eau.**

①

| | | | | | |
|---|---|---|---|---|---|
| $p_D$ | at abs | Dampfdruck | steam pressure | pression de la vapeur | 35 |
| $t_D$ | °C | Dampftemperatur | steam temperature | température de la vapeur | 450 |
| $\gamma_D$ | $\dfrac{kg}{m^3}$ | spezifisches Gewicht des Dampfes | density of steam | poids spécifique de la vapeur | 10,7 |
| $v_D$ | $\dfrac{m^3}{kg}$ | spezifisches Volumen des Dampfes | specific volume of steam | volume spécifique de la vapeur | 0,0935 |

②

| | | | | | |
|---|---|---|---|---|---|
| $p_W$ | at abs | Druck des Wassers | pressure of water | pression de l'eau | 12 |
| $\gamma_W$ | $\dfrac{kg}{m^3}$ | spezifisches Gewicht des Wassers | density of water | poids spécifique de l'eau | 878,5 |
| $v_W$ | $\dfrac{m^3}{t}$ | spezifisches Volumen des Wassers | specific volume of water | volume spécifique de l'eau | 1,138 |

Knoblauch, Raisch, Hausen, Koch, Tabellen und Diagramme für Wasserdampf. München 1932.

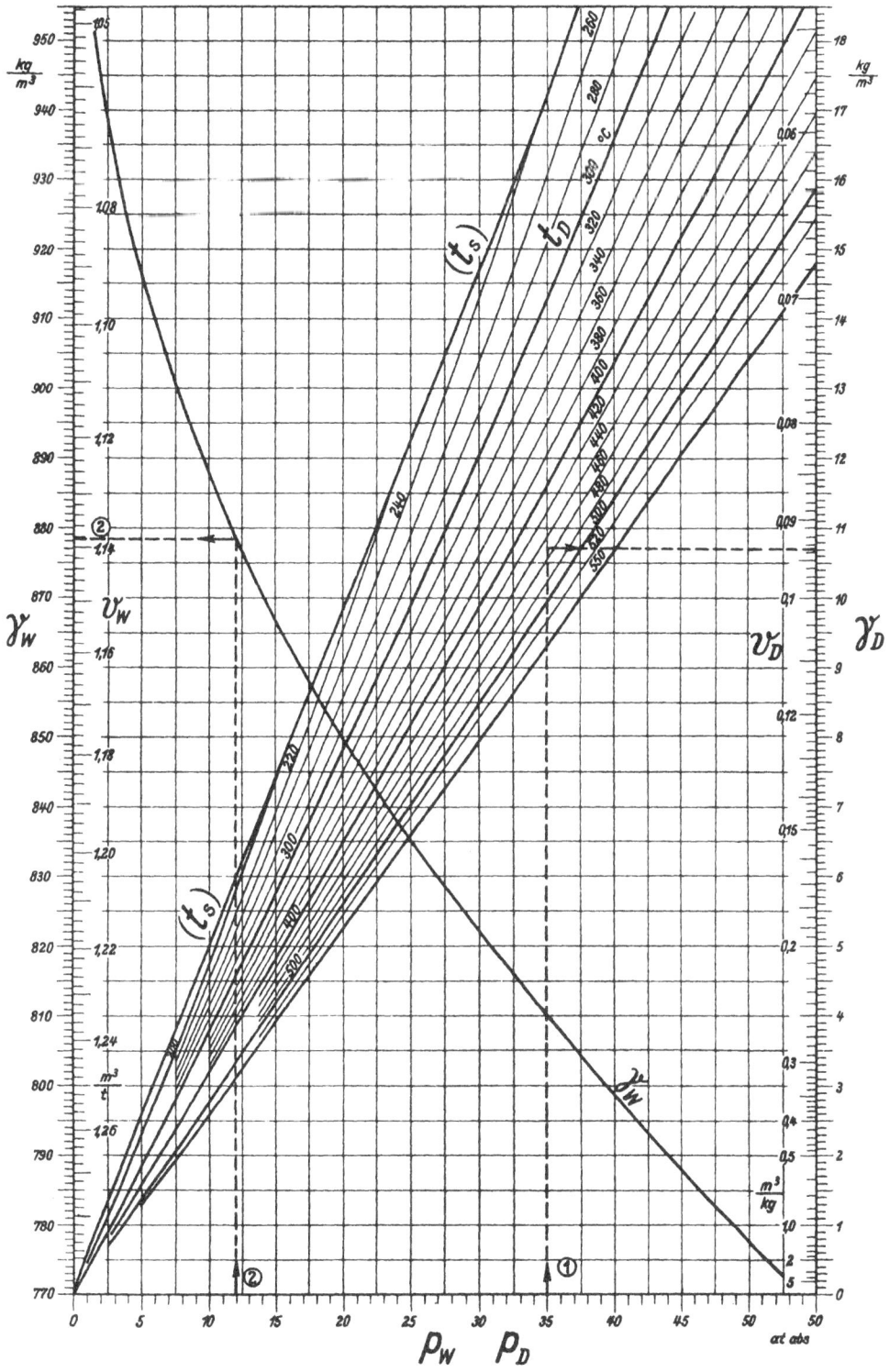

# Höchste Verdampfungsfähigkeit.

**Maximum Evaporative Capacity. — Capacité maxima de vaporisation.**

| | | | | | |
|---|---|---|---|---|---|
| $p_k$ | atü | Kesseldruck | boiler pressure | pression dans la chaudière | 34 |
| | | Dampfeinführung (von unten) | steam admission (from below) | admission de la vapeur (par le bas) | |
| $h_w$ | m | Wasserhöhe | water level | niveau d'eau | 0,25 |
| $V_D$ | m³ | Dampfraum | steam space | espace de vapeur | 1,5 |
| $A_{D\,max}$ | $\dfrac{m^3}{h}$ | höchste Verdampfungsfähigkeit | maximum evaporative capacity | capacité maxima de vaporisation | 2550 |

Vorkauf, H., Das Verhalten der Dampferzeuger bei starken Belastungsänderungen. Wärme, Bd. 56 (1933), S. 440.

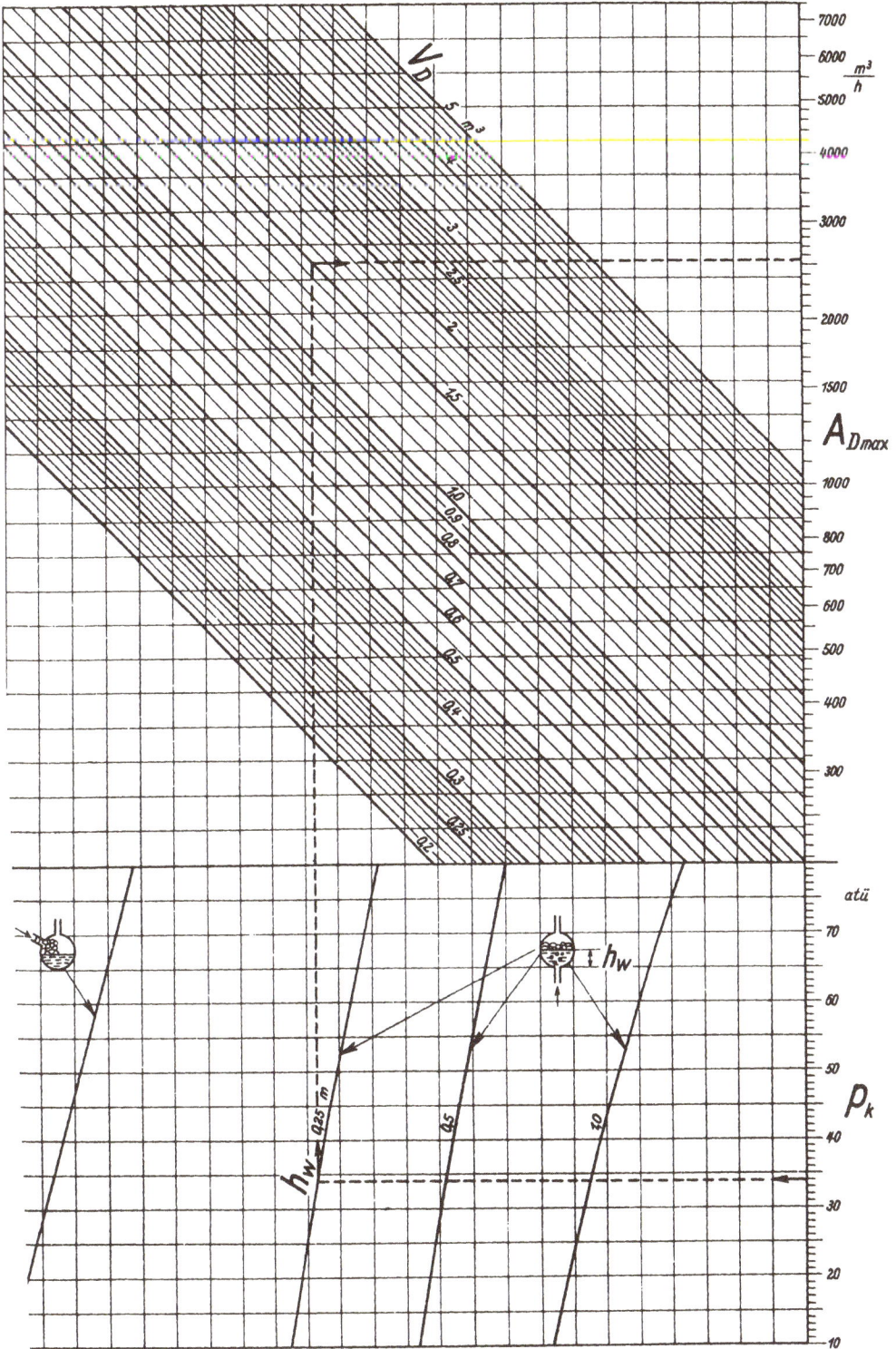

## Dampf- und Wasserraum in Behältern.

**Steam and Water Space in Containers. — Espace de vapeur et d'eau des réservoirs.**

| | | | | | |
|---|---|---|---|---|---|
| $D_{sp}$ | m | Durchmesser des Behälters | diameter of container | diamètre du réservoir | 0,8 |
| $h_W$ | m | Wasserhöhe | water level | niveau de l'eau | 0,24 |
| $V_{sp}$ | m³ | Behältervolumen | volume of container | volume du réservoir | 1,5 |
| $V_W$ | m³ | Wasserraum | water space | espace de l'eau | 0,38 |
| ($V_D$ | m³ | Dampfraum | steam space | espace de vapeur | 1,12) |

Handbuch der Brennstofftechnik (Koppers A.G.), Essen 1928.

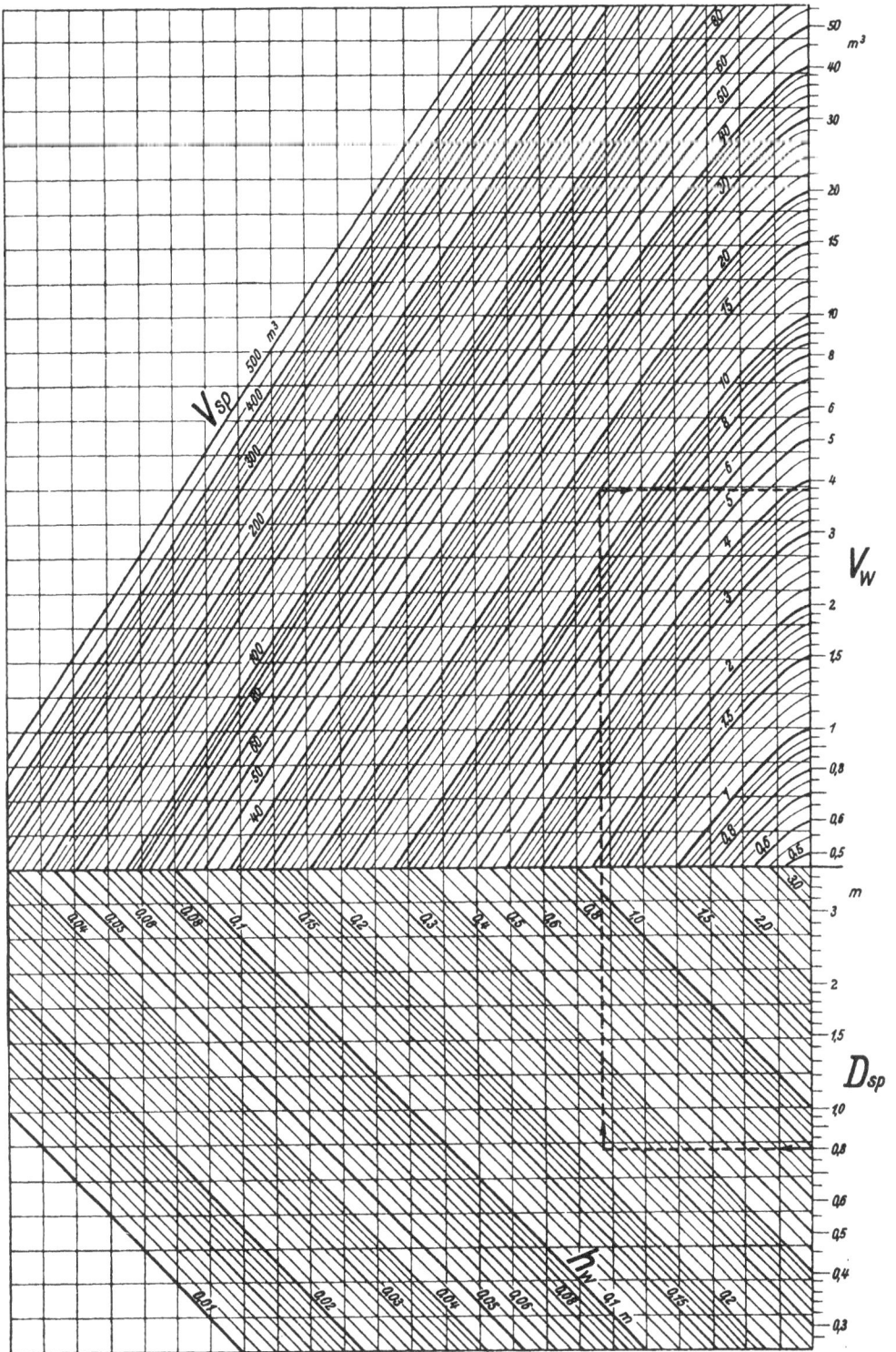

## Gefalle-Dampfspeicherung.

**Steam Storage by Drop of Pressure. — Accumulation de vapeur par chute de pression.**

### ①

| | | | | | |
|---|---|---|---|---|---|
| $p_u$ | at abs | niedrigster Betriebsdruck | minimum working pressure | pression minima de fonctionnement | 1,8 |
| $p_o$ | at abs | höchster Betriebsdruck | maximum working pressure | pression maxima de fonctionnement | 13 |
| $g_{sp}$ | $\dfrac{kg}{m^3}$ | gespeicherte Dampfmenge (je 1 m³ Wasserraum) | stored quantity of steam (per 1 m³ water space) | quantité de vapeur accumulée (par unité de volume de la chambre d'eau) | 124,5 |

### ②

**Speicherung im Kessel.** — Steam Storage in the Boiler. — Accumulation de vapeur dans la chaudière.

| | | | | | |
|---|---|---|---|---|---|
| $p_u$ | at abs | niedrigster Betriebsdruck des Kessels | maximum working pressure of boiler | pression minima de fonctionnement de la chaudière | 20,5 |
| $p_o$ | at abs | höchster Betriebsdruck | maximum working pressure | pression maxima de fonctionnement | 22 |
| $g_{sp}$ | $\dfrac{kg}{m^3}$ | Dampfentwicklung durch Druckabsenkung im Kessel (je 1 m³ Wasserraum) | steam produced by pressure-drop in the boiler (per 1 m³ water space) | production de vapeur par chute de pression dans la chaudière (par unité de volume de la chambre d'eau) | 6,5 |

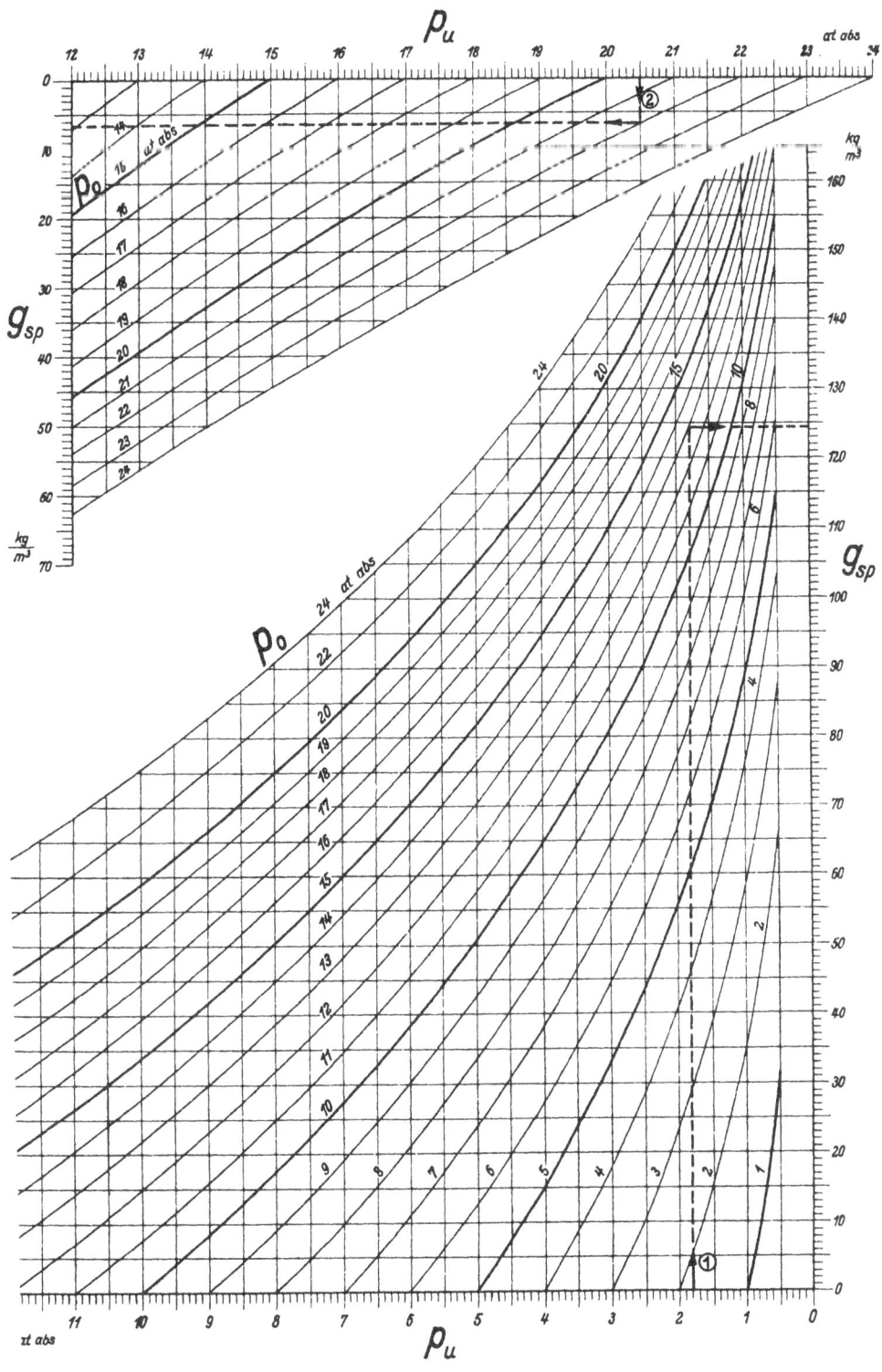

# Gleichdruck-Dampfspeicherung.

**Steam Storage at Constant Pressure. — Accumulation de vapeur à pression constante.**

| | | | | | |
|---|---|---|---|---|---|
| $i_D$ | $\dfrac{\text{kcal}}{\text{kg}}$ | Wärmeinhalt des Dampfes | heat content of steam | contenance thérmique de vapeur | 799 |
| $p_{sp}$ | at abs | Speicherdruck | storage pressure | pression dans l'accumulateur | 15 |
| $i_{Wo}$ | $\dfrac{\text{kcal}}{\text{kg}}$ | Wärmeinhalt des Wassers bei Speicherdruck | heat content of water at storage pressure | contenance thérmique de l'eau à la pression dans l'accumulateur | 201 |
| $t_{Wu}$ | $^0$C | Temperatur des Speisewassers | temperature of feed water | température de l'eau d'alimentation | 38 |
| $m_{sp}$ | $^0/_0$ | zusätzliche Speicherleistung | supplementary storage output | production d'appoint fournie par l'accumulateur | 27,2 |

$$m_{sp} = \frac{i_{Wo} - i_{Wu}}{i_D - i_{Wo}} \cdot 100$$

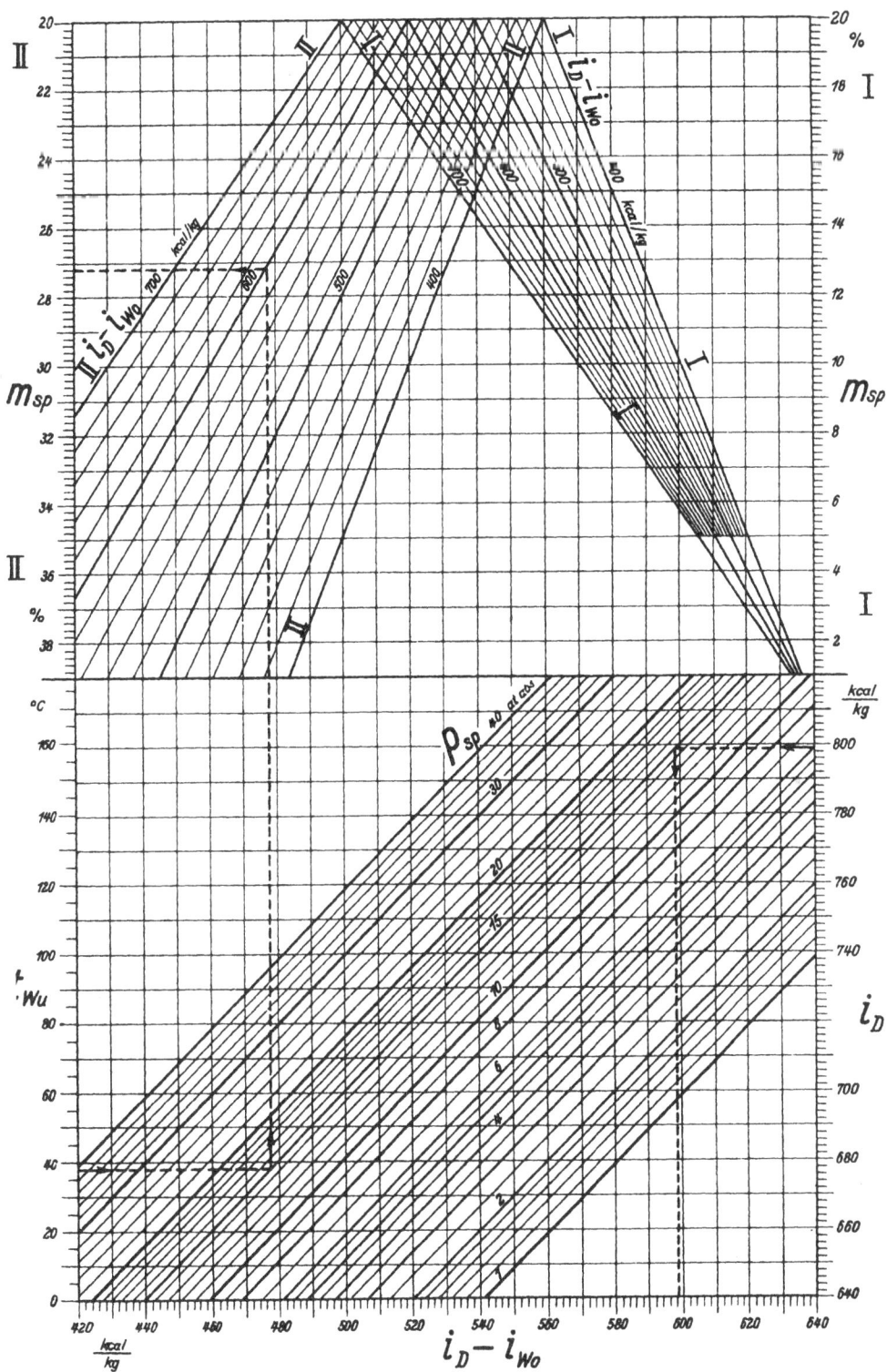

# Verlust durch Abgaswärme.

**Heat Loss by Flue Gases. — Perte de chaleur par les gaz de fumée.**

| | | | | | |
|---|---|---|---|---|---|
| $t_{R}$ | °C | Rauchgastempe-<br>ratur | temperature of flue<br>gases | température des gaz<br>de fumée | 189 |
| $t_{a}$ | °C | Außentemperatur | outside tempera-<br>ture | température exté-<br>rieure | 15 |
| $i_{v}$ | $\dfrac{\text{kcal}}{\text{Nm}^3}$ | Verbrennungs-<br>wärme | heat of combustion | chaleur de combus-<br>tion | 666 |
| $q_{A}$ | °/₀ | Verlust durch Ab-<br>gaswärme | heat loss by flue<br>gases | perte de chaleur par<br>les gaz de fumée | 8,9 |

$$q_A = \frac{0{,}34}{i_v}\,(t_R - t_a) \cdot 100$$

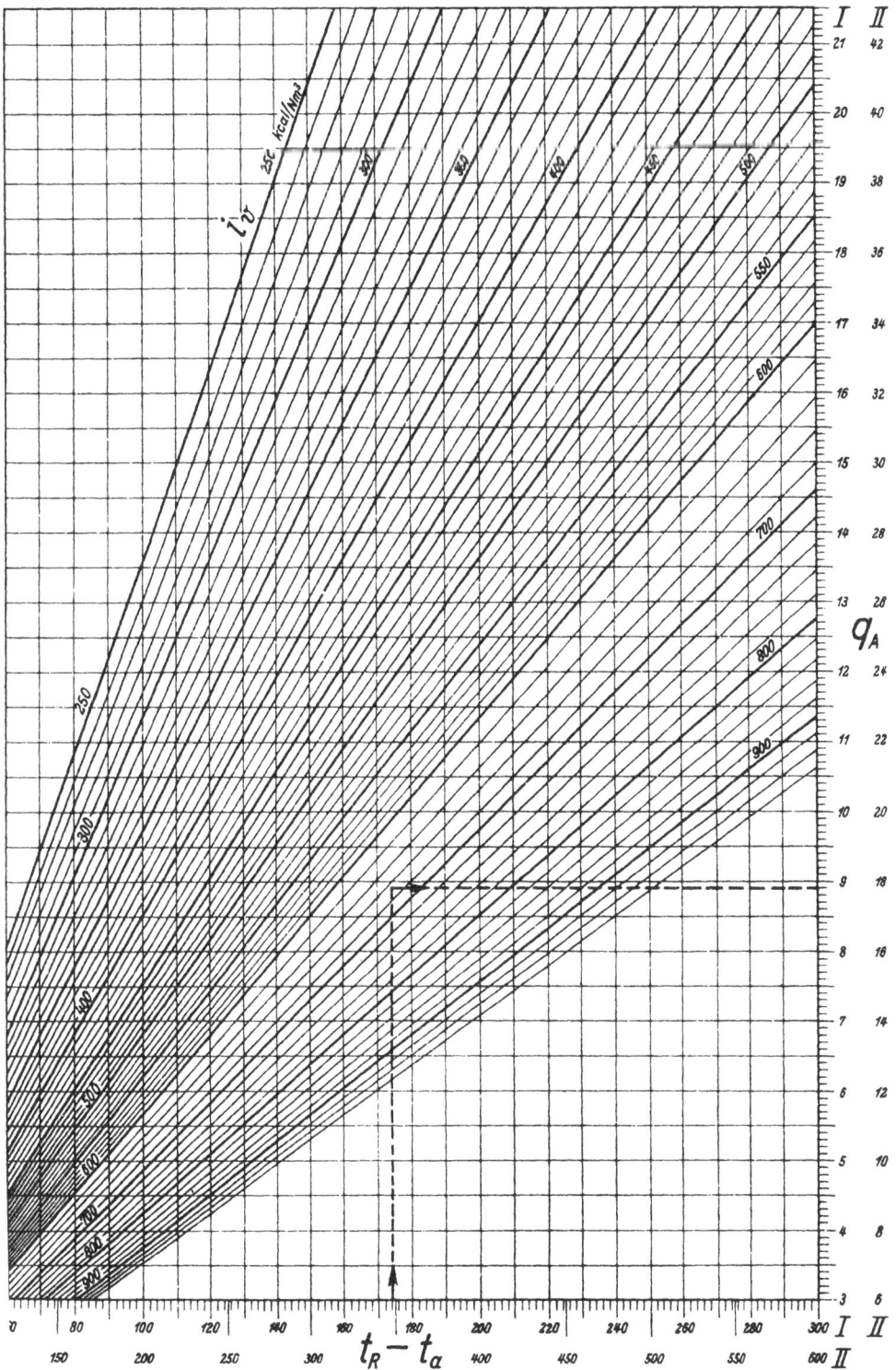

# 32

# Verlust durch unvollkommene Verbrennung.

**Heat Loss by Incomplete Combustion. — Perte de chaleur par combustion incomplète.**

| | | | | | |
|---|---|---|---|---|---|
| $v\,[CO]$ | % | Volumanteil des Kohlenoxyds | carbon monoxide, parts by volume | proportion en volume de l'oxyde du carbon | 0,55 |
| $v\,[CO_2]$ | % | Volumanteil der Kohlensäure | carbon dioxide, parts by volume | proportion en volume de l'acide carbonique | 13,9 |
| | | Brennstoffart | kind of fuel | nature du combustible | $SK$ |
| $q_v$ | % | Verlust durch unvollkommene Verbrennung | heat loss by incomplete combustion | perte de chaleur par combustion incomplète | 2,3 |

### Brennstoffarten. — Kinds of Fuel. — Nature du combustible.

| | | | | $H_u$ |
|---|---|---|---|---|
| $SK$ | Steinkohle | bituminous coal | charbon bitumineux | |
| $BK\,40$ | Braunkohle (Wassergehalt 40%) | lignite (water content 40%) | lignite (teneur en eau 40%) | |
| $HO$ | Heizöl | fuel oil | fuel oil | |
| $GiG$ | Gichtgas | blast-furnace gas | gaz de haut-fourneau | 900/1100 |
| $GeG$ | Generatorgas | producer gas | gaz de gazogène | 1100/1200 |
| $MiG$ | Mischgas | Dowson gas | gaz mixte | 1300/1500 |
| $GrG$ | Reichgas | rich gas | gaz riche | 4000/6000 |
| | | | | kcal/Nm³ |

Gumz, W., Feuerungstechnisches Rechnen. Leipzig 1931.

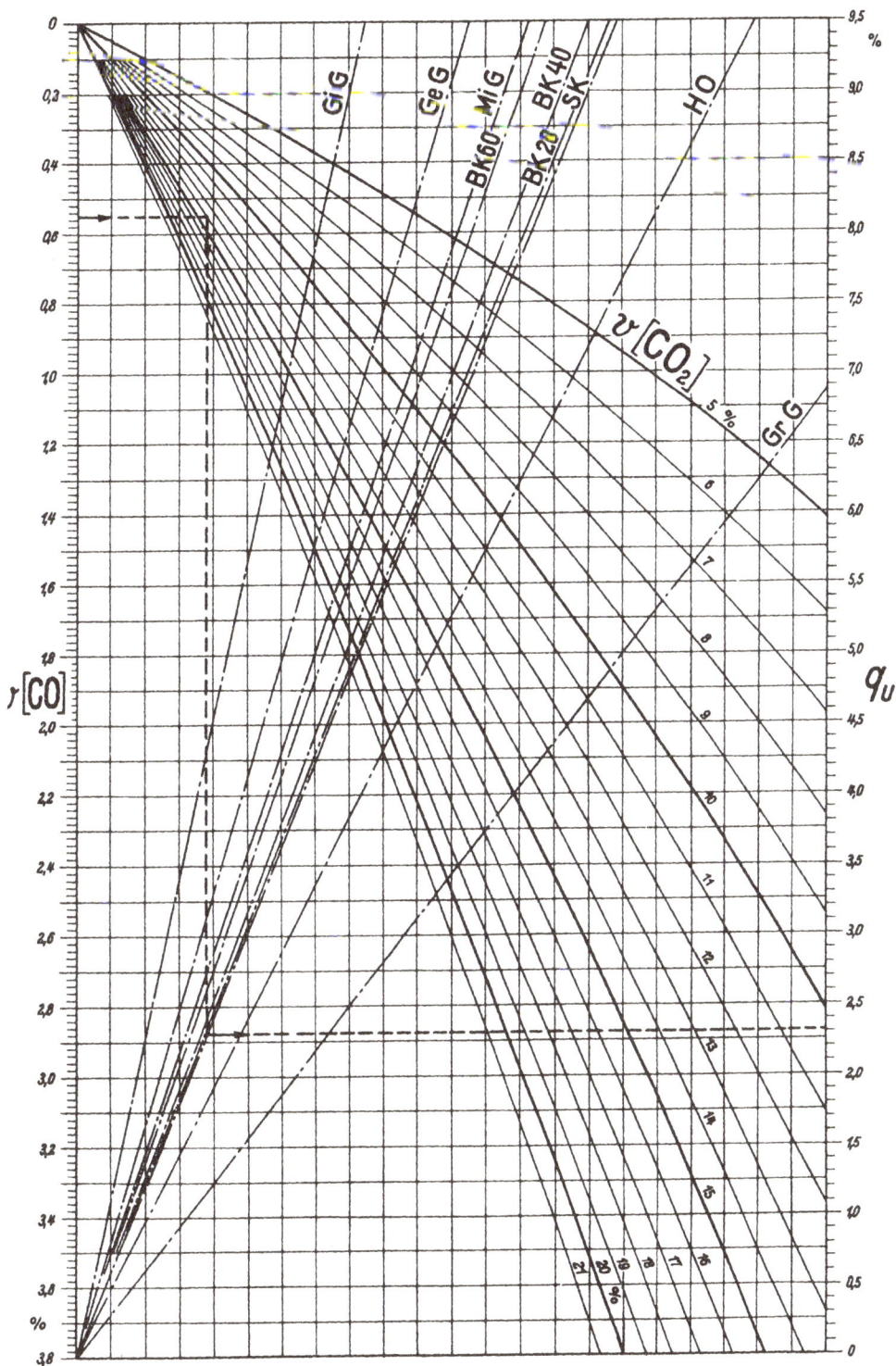

# 33

# Verlust durch Brennbares in den Rückständen.

## Heat Loss by Combustible Matter
## Perte de chaleur par les imbrûlés.

**I.**

| | | | | | |
|---|---|---|---|---|---|
| $a$ | $^0/_0$ | Aschengehalt der Kohle | ash content of coal | teneur en cendres du charbon | 6,5 |
| $\beta$ | $^0/_0$ | Brennbares in den Feuerungsrückständen | combustible matter in furnace residue | proportion des imbrûlés dans les résidus | 24 |
| $r$ | $^0/_0$ | Feuerungsrückstände (und Flugasche) | furnace residue (and flue dust) | résidus de la combustion (et cendres volantes) | 8,6 |
| $H_u$ | $\dfrac{\text{kcal}}{\text{kg}}$ | unterer Heizwert | net calorific value | puissance calorifique nette | 7100 |
| $q_C$ | $^0/_0$ | Verlust durch Brennbares | heat loss by combustible matter | perte de chaleur par les imbrûlés | 2,3 |

$$q_C = \frac{\beta \cdot r}{100} \cdot \frac{8000}{H_u} = \frac{\beta}{100 - \beta} \cdot \frac{a \cdot 8000}{H_u}$$

## II. Einfluß auf andere Wärmeverluste. — Influence on Other Heat Losses. — Influence sur les autres pertes de chaleur.

$$q_{A\,korr} = q_A (100 - q_C) \qquad q_{u\,korr} = q_u (100 - q_C)$$

| | | | | | |
|---|---|---|---|---|---|
| $q_C$ | $^0/_0$ | Verlust durch Brennbares | heat loss by combustible matter | perte de chaleur par les imbrûlés | 2,3 |
| $q_A$ | $^0/_0$ | Verlust durch Abgaswärme | heat loss by flue gases | perte de chaleur par les gaz de fumée | 8,9 |
| $q_{A\,korr}$ | $^0/_0$ | korrigierter Wert des Verlustes durch Abgaswärme | corrected value of heat loss by flue gases | valeur corrigée de la perte de chaleur par les gaz de fumée | 8,7 |
| $q_v$ | $^0/_0$ | Verlust durch unvollkommene Verbrennung | heat loss by incomplete combustion | perte de chaleur par combustion incomplète | 2,3 |
| $q_{v\,korr}$ | $^0/_0$ | korrigierter Wert des Verlustes durch unvollkommene Verbrennung | corrected value of heat loss by incomplete combustion | valeur corrigée de la perte de chaleur par combustion incomplète | 2,24 |

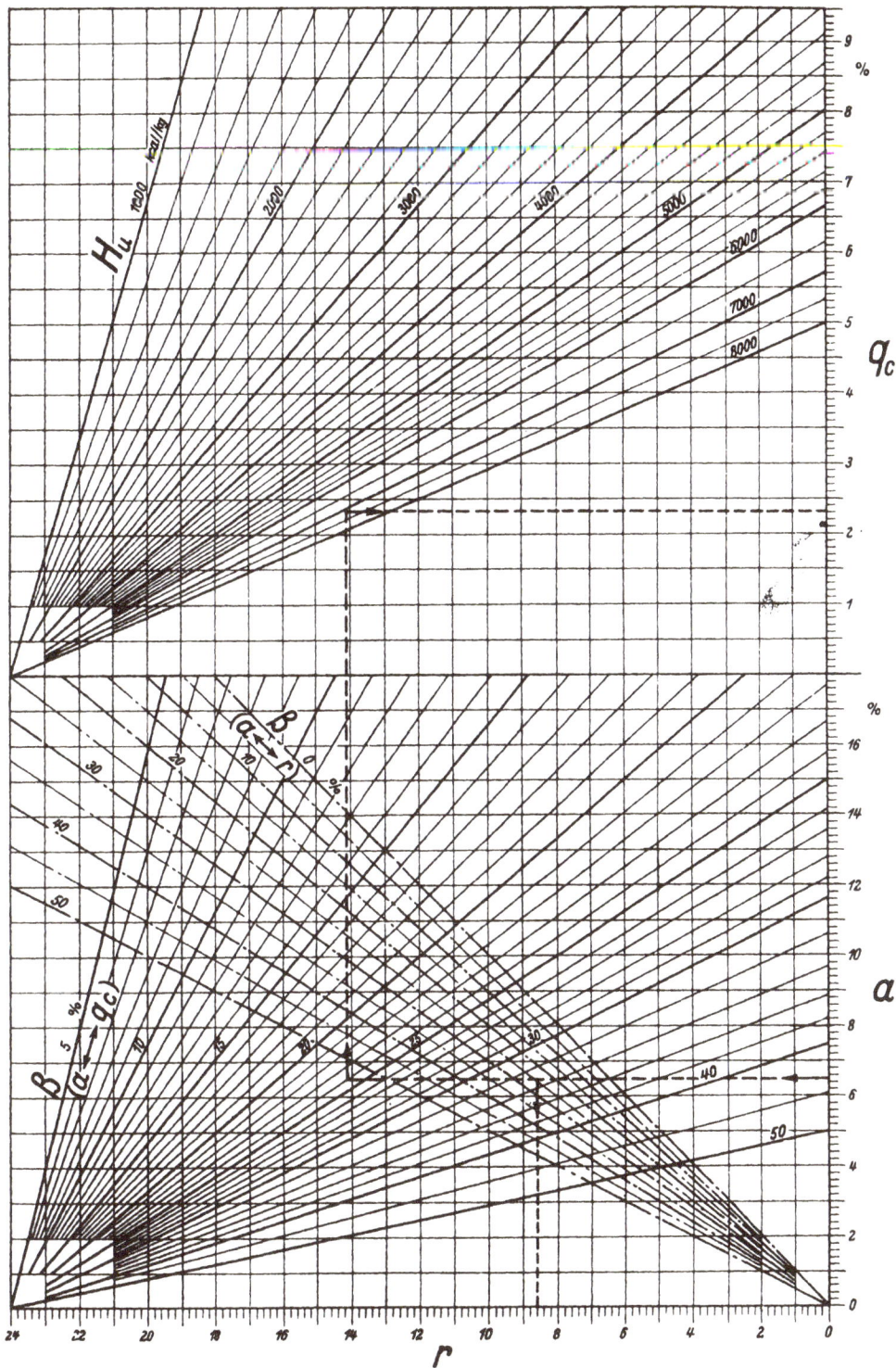

# 34

## Verlust durch Strahlung und Leitung.

Heat Loss by Radiation and Conduction. — Perte de chaleur par rayonnement et conductibilité.

**1.**

| | | | | | |
|---|---|---|---|---|---|
| $t_o$ | °C | Temperatur der Kesseloberfläche | surface temperature of boiler | température superficielle de la chaudière | 57 |
| $t_a$ | °C | Außentemperatur | outside temperature | température extérieure | 15 |
| $\varkappa_{mit}$ | $\dfrac{kcal}{m^2\,h\,°C}$ | mittlere Wärmedurchgangszahl | mean coëfficient of heat transmission | coefficient moyen de transmission thérmique | 12 |
| $F_o$ | m² | Kesseloberfläche | area of boiler surface | surface de la chaudière | 600 |
| $Q_f$ | $\dfrac{10^6\,kcal}{h}$ | Feuerungsleistung | rate of combustion | allure de la combustion | 9,6 |
| $q_o$ | % | Verlust durch Strahlung und Leitung | heat loss by radiation and conduction | perte de chaleur par rayonnement et conductibilité | 3,15 |

$$q_o = \frac{\varkappa_{mit} \cdot F_o\,(t_o - t_a)}{Q_f} \cdot 100$$

**II.**      **Mittelwerte.** — Mean Value. — Valeurs moyennes

| | | | | | |
|---|---|---|---|---|---|
| $F_k$ | m² | Heizfläche des Kessels | heating surface of the boiler | surface de chauffe de la chaudière | 300 |
| | | Kesselart | kind of boiler | type de chaudière | I—II |
| $(q_o)_{mit}$ | % | mittlerer Verlust durch Strahlung | average heat loss by radiation | perte de chaleur moyenne par rayonnement | 3—4 |

**Kesselarten.** — Kinds of Boiler. — Type de chaudière

| | | | |
|---|---|---|---|
| I—II | Strahlungskessel | radiation boiler | chaudière à rayonnement |
| II—III | Kessel mit teilweiser Strahlungsheizfläche | boiler with part radiant-heating surface | chaudière à surfaces de chauffe partielles par rayonnement |
| III—IV | normale Wasserrohrkessel | normal water tube boiler | chaudière normale à tubes d'eau |
| V | Flammrohrkessel | internally-fired boiler | chaudière à tubefoyer |

Praetorius, E., Strahlungs- und Abkühlungsverluste von Kesseln. Arch. Wärmew., Bd. 13 (1932), S. 157.

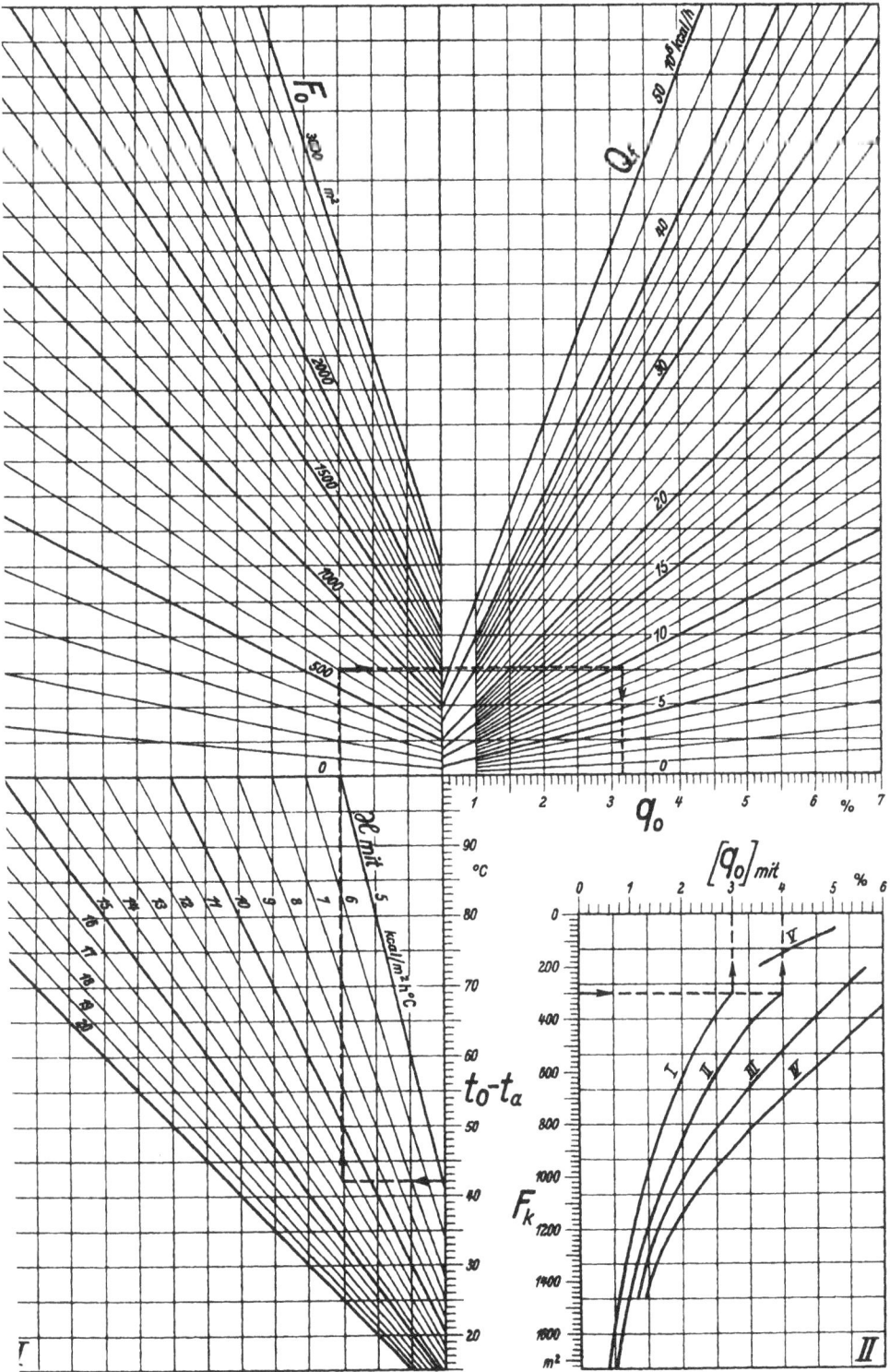

$F_0$

$3500 \ m^2$

2000

1500

1000

500

0

$Q_r$

$80 \cdot 10^6 \ kcal/h$

40

30

20

15

10

5

0

$q_0$

1    2    3    4    5    6    %    7

$\alpha_{mit}$

$kcal/m^2 h °C$

15  14  13  12  11  10  9  8  7  6  5

17  16

19  18

20

0

90  °C

80

70

60

50

40

30

20

$t_0 - t_a$

$[q_0]_{mit}$

0    1    2    3    4    5    %    6

0

200

400

600

800

1000

1200

1400

1600

$m^2$

$F_k$

I    II    III    IV

IV

I

II

# 35

# Verdampfzahl und Wirkungsgrad.

**Evaporation Ratio and Efficiency. — Coefficient de vaporisation et rendement.**

| | | | | | |
|---|---|---|---|---|---|
| $M_B$ | t/h | stündlicher Brenn-stoffverbrauch | consumption of fuel per hour | consommation ho-raire de combus-tible | 1,35 |
| $M_k$ | t/h | Kesselleistung | boiler output | production de la chaudière | 10,5 |
| $e_b$ | $\dfrac{kg}{kg}$ | Brutto-Verdampf-zahl | evaporation ratio (actual) | coefficient de va-porisation brut | 7,8 |
| $i_D$ | $\dfrac{kcal}{kg}$ | Wärmeinhalt des Dampfes | heat content of the steam | contenance thér-mique de vapeur | 799 |
| $i_W$ | $\dfrac{kcal}{kg}$ | Wärmeinhalt des Speisewassers | heat content of feed water | contenance thér-mique de l'eau d'alimentation | 38 |
| $e_n$ | $\dfrac{kg}{kg}$ | Netto-Verdampf-zahl | evaporation ratio (reduced to steam at 100° from water at 0°C) | coefficient de vapo-risation net (rap-portée à la va-peur à 100° et à l'eau à 0° C) | 9,25 |
| $H_u$ | $\dfrac{kcal}{kg}$ | unterer Heizwert | net calorific value | puissance calori-fique nette | 7100 |
| $\eta_k$ | % | Kesselwirkungs-grad | boiler efficiency | rendement de la chaudière | 83,5 |

$$e_b = \frac{M_k}{M_B} \qquad e_n = \frac{M_k}{M_B} \cdot \frac{i_D - i_W}{640} \qquad \eta_k = \frac{M_k}{M_B} \cdot \frac{i_D - i_W}{H_u}$$

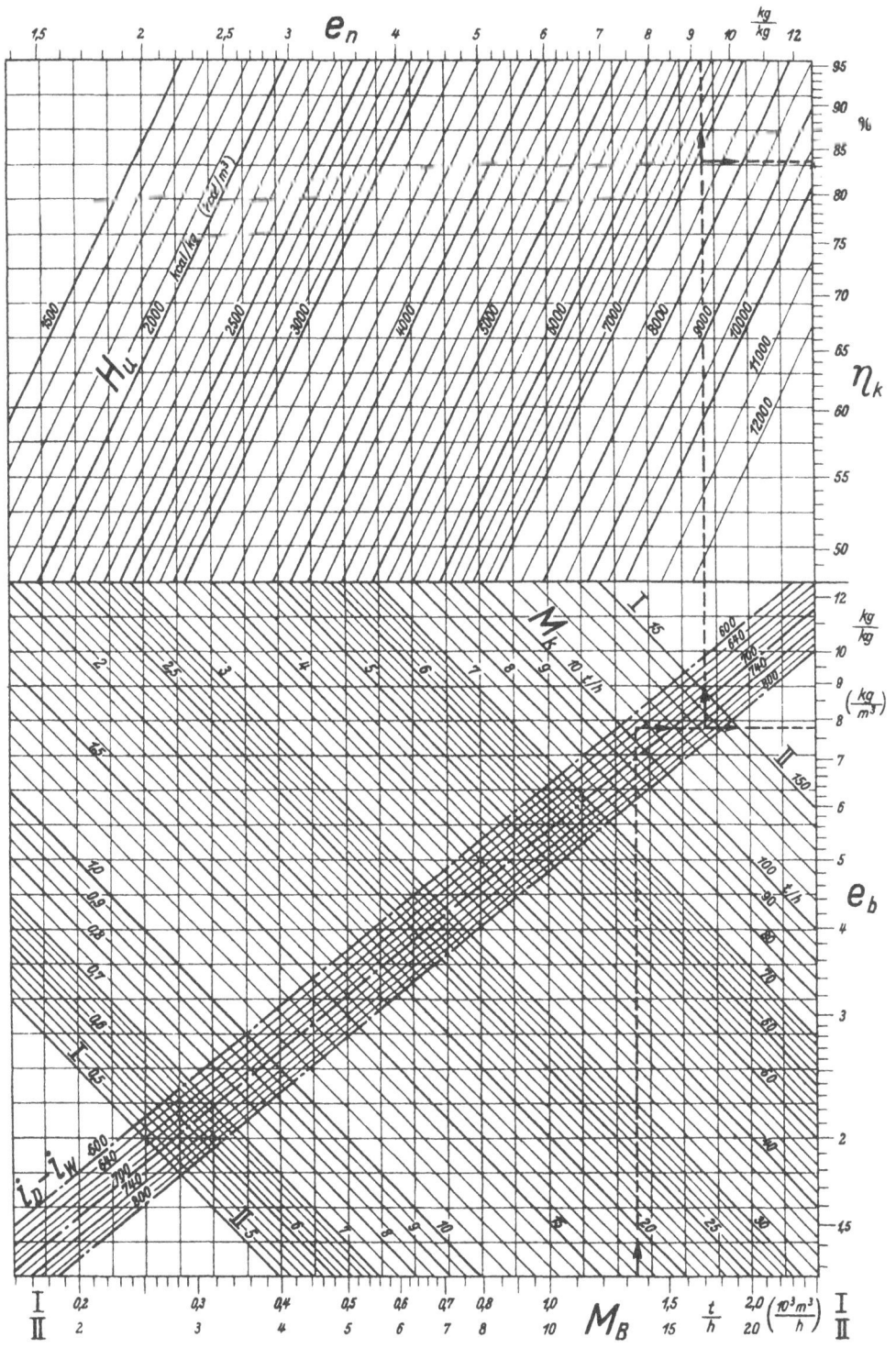

# 36

# Vergleichswerte für Wirkungsgrad und Verluste.

### Comparative Values of Efficiency and Heat Losses.
### Valeurs comparatives du rendement et des pertes de chaleur.

**I. Verlauf der Verluste in Abhängigkeit von der Kesselbelastung** (neuzeitlicher Hochleistungskessel). — **Relation between Heat Losses and Boiler Output** (modern high-power boilers). — **Relation entre les pertes de chaleur et la production de la chaudière** (chaudières modernes à grande production).

| | | | | | |
|---|---|---|---|---|---|
| $b$ | % | Teillast | partial load | charge partielle | 80 |
| $q_A$ | % | Verlust (durch Abgaswärme) | heat loss (by flue gases) | perte de chaleur (par les gaz de fumée) | 4,6 |
| $m_A$ | % | Verlustleistung (bez. auf Vollast) | loss of output (referred to full load) | perte de production (par rapport à la pleine charge) | 3,7 |

**II. Mittelwert der Verluste verschiedener Feuerungsarten.** — Mean Value of Heat Losses of Different Kinds of Furnace. — Valeur moyenne des pertes de chaleur pour les types differents de foyers.

### Feuerungsarten. — Kinds of Furnace. — Types de foyers.

| | | | |
|---|---|---|---|
| $PRH$ | Planrost mit Handbeschickung | flat grate with hand-firing | grille horizontale avec chargement à la main |
| $PRW$ | Planrost mit Wurfbeschickung | flat grate (sprinkling stoker) | grille horizontale avec chargement par projection |
| $WR$ | Wanderrost | travelling grate | grille à chaine sans fin |
| $sTR$ | starrer Treppenrost | rigid step-grate furnace | grille à gradins fixes |
| $ZR$ | Zonenwanderrost | compartemented travelling grate | grille à chaine sans fin avec compartiments |
| $UF$ | Unterschubfeuerung | underfeed stoker | foyer avec chargeur à poussoir inférieur |
| $KF$ | Kohlenstaubfeuerung | pulverised coal furnace | foyer à charbon pulverisé |
| $RF$ | Rückschubfeuerung | mechanical stoker with backfeed slicing action | foyer avec chargeur à poussoir arrière |
| $mTR$ | mechanischer Treppenrost | mechanical stepped-grate | grille à gradins mobiles |

### Kohlenarten. — Kinds of Coals. — Nature du charbon.

| | | | |
|---|---|---|---|
| $nFK$ | Fett-Nußkohle | bituminous nuts | charbon gras en noisettes |
| $fMK$ | Mager-Feinkohle | semi-anthracitic slack | charbon maigre fin |
| $GfK$ | Gasflammkohle | medium-rank bituminous coal | charbon à longues flammes |
| $gSKs$ | Schwelkoksgrus | semi-coke breeze | poussier de coke |
| $BK$ | Braunkohle | lignite | lignite |
| $WB$ | Waschberge | washery waste | tas de résidus de lavage |

I. Flasdieck, Mittelbare Messung des Kesselwirkungsgrades in einem holländischen Kraftwerk. Wärme, Bd. 56 (1933), S. 731

II. Praetorius, E., Billige Kessel, billiger Dampf. Berlin 1932.

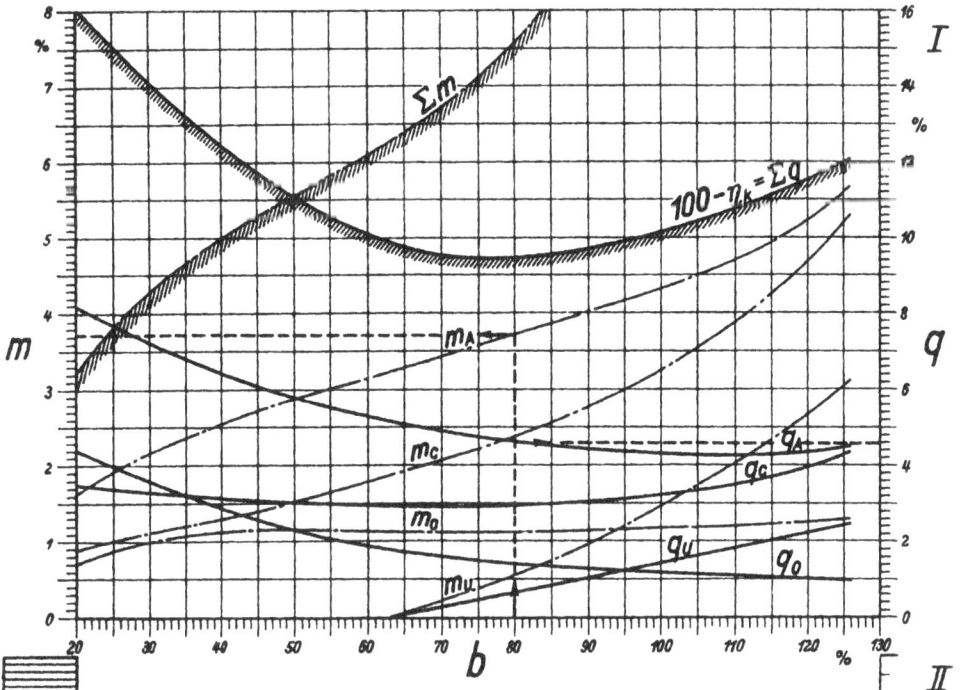

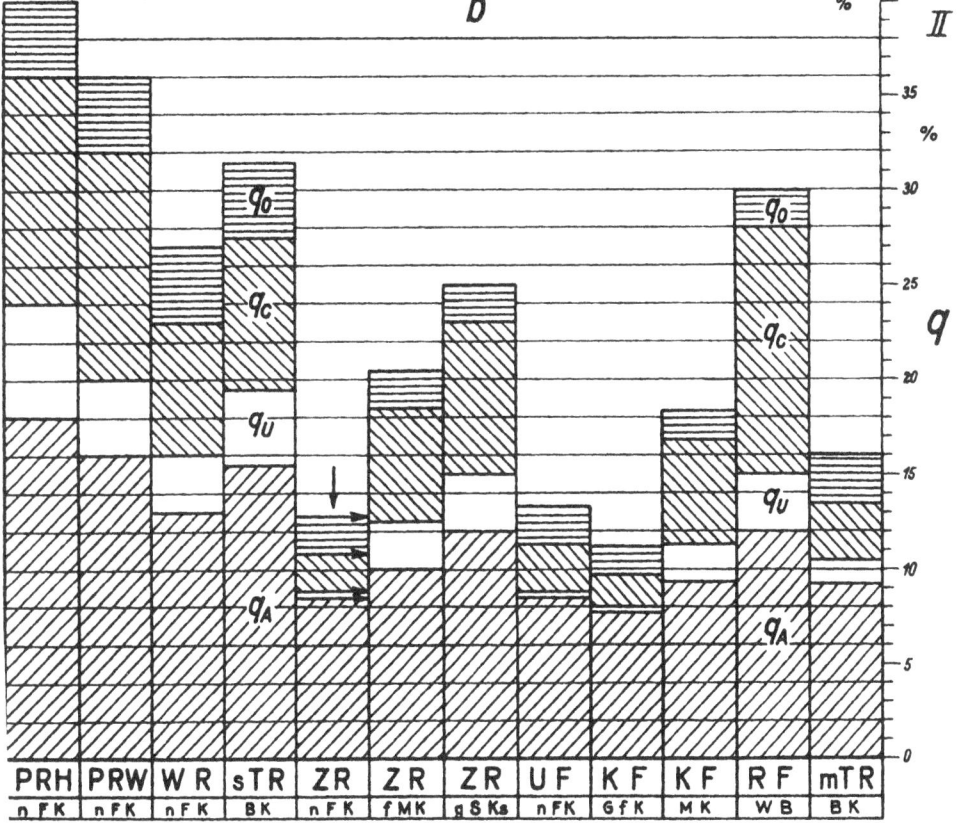

# 37

# Wärmeausnutzung im Vorwärmer.

**Utilisation of Heat in the Preheater. — Utilisation de la chaleur dans le préchauffeur.**

| | | | | | |
|---|---|---|---|---|---|
| $q_{ik}$ | % | Verlust durch Abgaswärme am Kesselende | heat loss by flue gases at the end of the boiler | perte de chaleur par les gaz de fumée à la sortie de la chaudière | 23,5 |
| $q_{iv}$ | % | Verlust durch Abgaswärme hinter dem Vorwärmer | heat loss by flue gases leaving the economiser | perte de chaleur par les gaz de fumée à la sortie du préchauffeur | 8,9 |
| $\eta_v$ | % | Ausnutzungsgrad des Vorwärmers | efficiency of the preheater | rendement du préchauffeur | 90 |
| $Q_f$ | $\dfrac{10^6 \text{ kcal}}{\text{h}}$ | Feuerungsleistung | rate of combustion | allure de la combustion | 9,6 |

$$\text{(1)}$$

| | | | | | |
|---|---|---|---|---|---|
| $M_k$ | t/h | Kesselleistung | boiler output | production de la chaudière | 10,5 |
| $t_{w_1}$ | °C | Wassertemperatur vor dem Vorwärmer | water temperature before the economiser | température de l'eau à l'entrée de l'économiseur | 38 |
| $t_{wr}$ | °C | Temperaturzunahme im Wasservorwärmer | temperature rise in economiser | accroissement de température dans l'économiseur | 120 |
| $t_{w_2}$ | °C | Wassertemperatur nach dem Vorwärmer | water temperature after the economiser | température de l'eau à la sortie de l'économiseur | 158 |

$$\text{(2)}$$

| | | | | | |
|---|---|---|---|---|---|
| $A_L$ | $\dfrac{10^3 \text{ Nm}^3}{\text{h}}$ | stündliche Luftmenge | quantity of air per hour | quantité d'air par heure | 13,0 |
| $t_{L_1}$ | °C | Lufttemperatur vor dem Vorwärmer | air temperature before the air preheater | température de l'air à l'entrée du préchauffeur | 15 |
| $t_{Lr}$ | °C | Temperaturzunahme im Vorwärmer | temperature rise in air preheater | accroissement de température dans le préchauffeur d'air | 310 |
| $t_{L_2}$ | °C | Lufttemperatur nach dem Vorwärmer | air temperature after the air preheater | température de l'air à la sortie du préchauffeur | 325 |

Schultes, W., Speisewasser- oder Luftvorwärmer. Wärme, Bd. 55 (1932), S. 813.

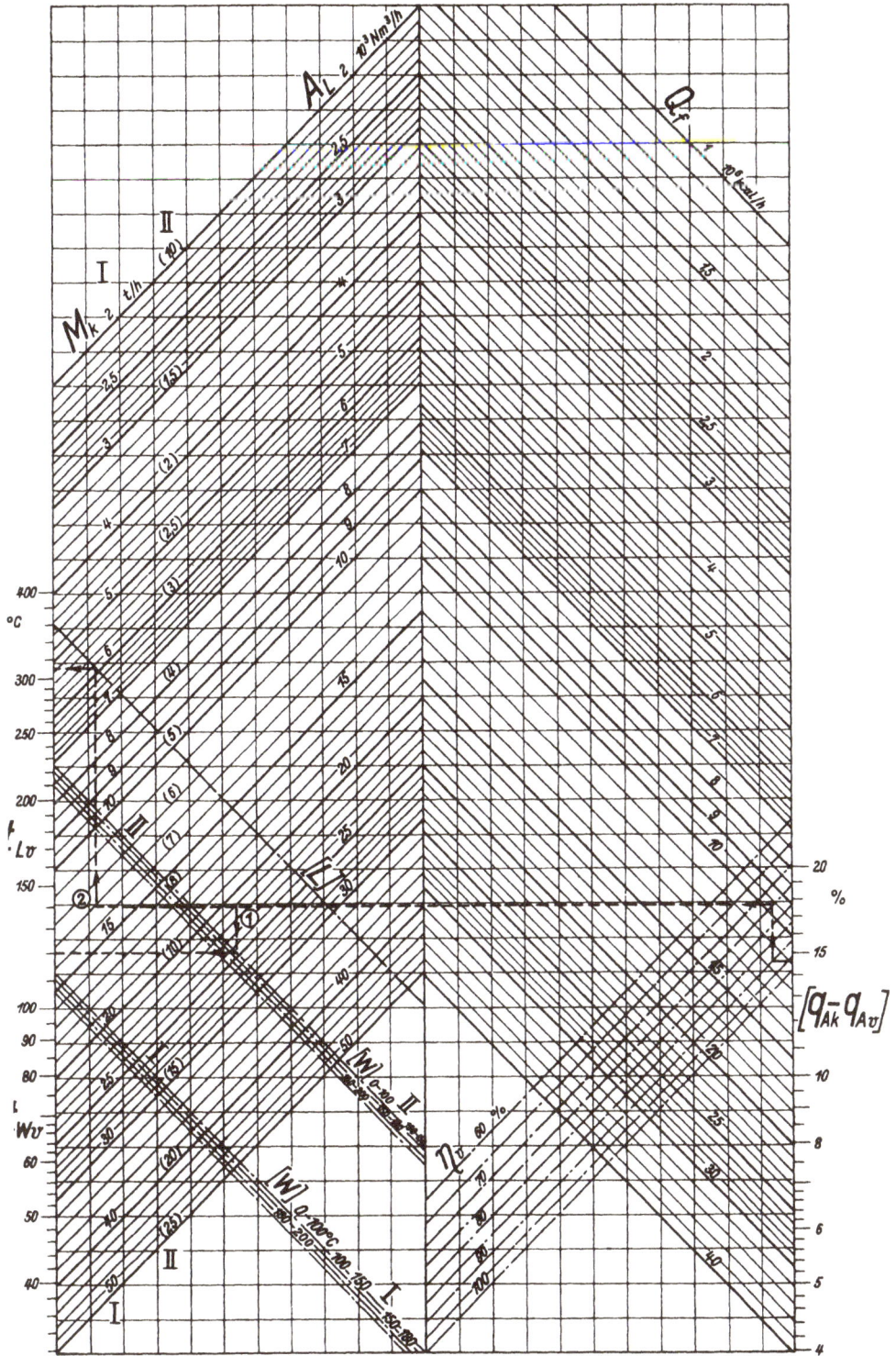

# 38

# Energiebedarf für Hilfsmaschinen.

**Power Required for Auxiliaries.** **Quantité d'énergie nécessaire aux machines auxiliaires.**

①

### I. Speisewasserpumpe. — Feed Water Pump. — Pompe à l'eau d'alimentation.

| | | | | | |
|---|---|---|---|---|---|
| $A_W$ | $\dfrac{m^3}{h}$ | stündliche Wasser-menge | quantity of water per hour | quantité d'eau par heure | 10,5 |
| $p_{Wp}$ | atü | Pumpendruck | pump pressure | pression de la pompe | 40 |
| $\eta_{Wp}$ | $^0/_0$ | Pumpenwirkungs-grad | pump efficiency | rendement de la pompe | 75 |
| $N_{Wp}$ | kW (PS) | Pumpenleistung | power to drive pump | débit de la pompe | 15,3 (20,8) |

②

### II. Luftpumpe. — Air Pump. — Pompe à l'air.

| | | | | | |
|---|---|---|---|---|---|
| $A_L$ | $\dfrac{10^3\,m^3}{h}$ | stündliche Luft-menge | quantity of air per hour | quantité d'air par heure | 13 |
| $p_{Lp}$ | mm $H_2O$ | Pumpendruck | pump pressure | pression de pompe | 120 |
| $\eta_{Lp}$ | $^0/_0$ | Pumpenwirkungs-grad | efficiency of pump | rendement de la pompe | 60 |
| $N_{Lp}$ | kW (PS) | Pumpenleistung | power to drive pump | débit de la pompe | 7,1 (9,6) |

$$N_{Wp} = \frac{A_W \cdot p_{Wp}}{0{,}27 \cdot \eta_{Wp}} \quad (PS)$$

$$N_{Lp} = \frac{A_L \cdot p_{Lp}}{2{,}7 \cdot \eta_{Lp}} \quad (PS)$$

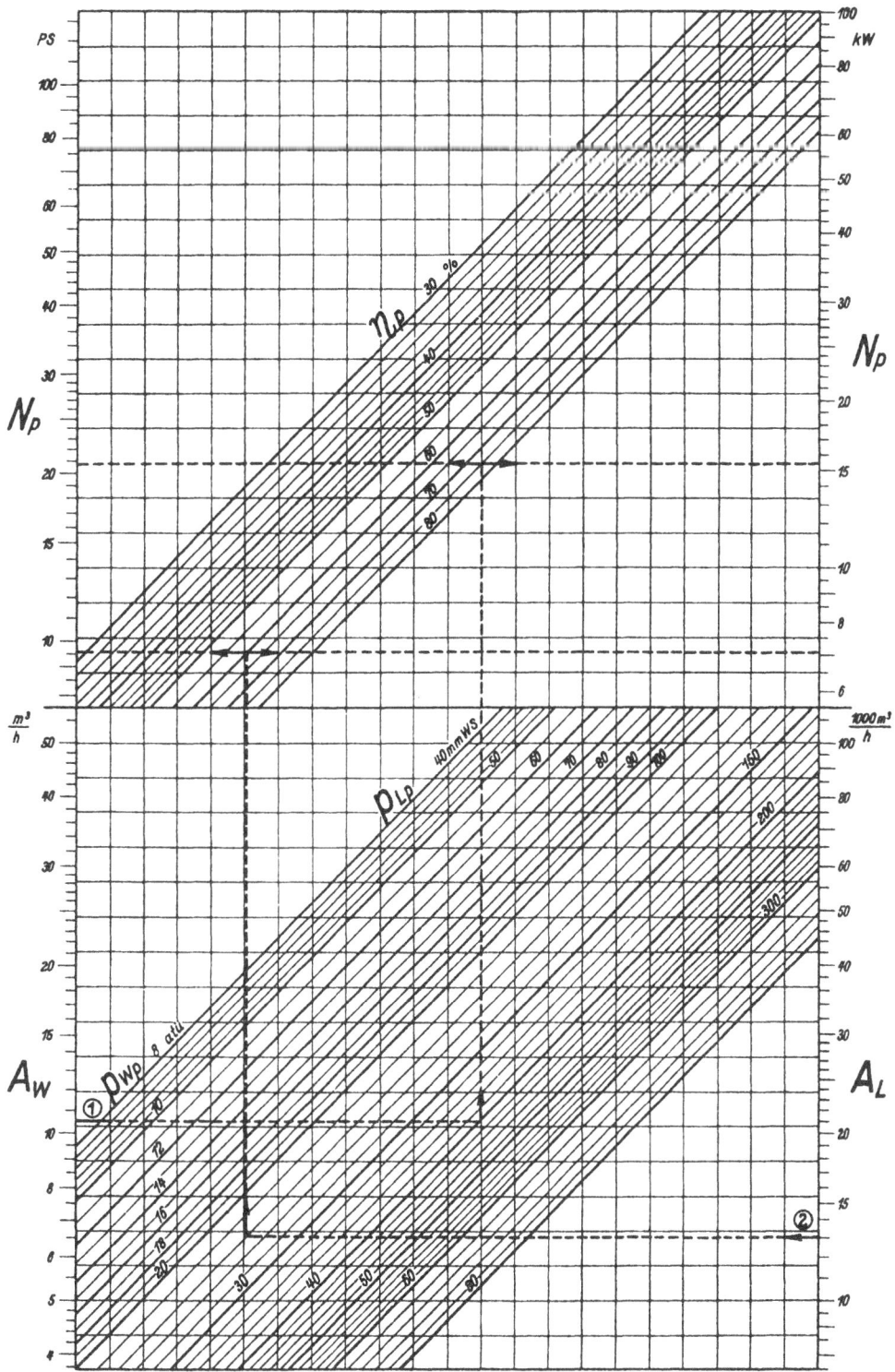

# 39

## Brennstoffkosten.

### Fuel Costs. — Coût du combustible.

| | | | | | |
|---|---|---|---|---|---|
| $H_u$ | $\dfrac{kcal}{kg}$ | unterer Heizwert | net calorific value | puissance calorifique nette | 7100 |
| $k_B$ | M/t | Brennstoffpreis | cost of fuel | prix du combustible | 18,50 |
| $k_Q$ | $\dfrac{M}{10^6\,kcal}$ | Wärmekosten | heat costs | coût de la calorie | 2,60 |
| $\eta_k$ | $^0/_0$ | Kesselwirkungsgrad | boiler efficiency | rendement de la chaudière | 83,5 |
| $k_{Qk}$ | $\dfrac{M}{10^6\,kcal}$ | Wärmekosten im erzeugten Dampf | heat costs of steam generated | coût de la calorie contenue dans la vapeur produite | 3,10 |
| $i_D$ | $\dfrac{kcal}{kg}$ | Wärmeinhalt des Dampfes | heat content of steam | contenance thermique de vapeur | 799 |
| $i_W$ | $\dfrac{kcal}{kg}$ | Wärmeinhalt des Speisewassers | heat content of feed water | contenance thermique de l'eau d'alimentation | 38 |
| $k_{DB}$ | M/t | Kostenanteil für Brennstoff | fuel costs of steam generation | part des dépenses pour le combustible | 2,35 |

$$k_Q = \frac{10^3 \cdot k_B}{H_u} \qquad k_{Qk} = \frac{10^3 \cdot k_B}{\eta_k \cdot H_u} \qquad k_{DB} = \frac{k_B\,(i_D - i_W)}{H_u \cdot \eta_k}$$

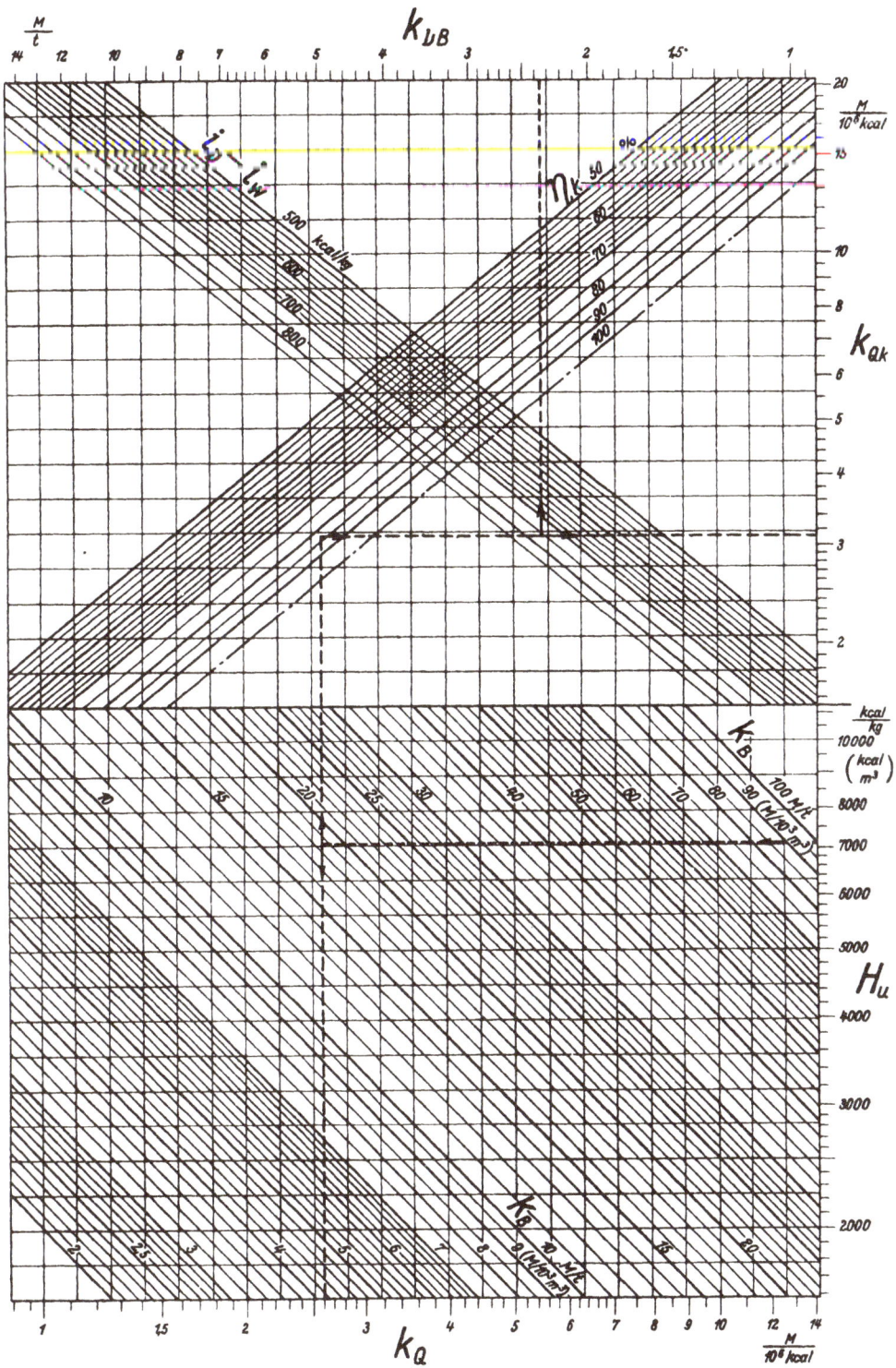

# Kapitalkosten.

**Capital Costs. — Dépenses pour la rénumération du capital.**

I.

| | | | | | |
|---|---|---|---|---|---|
| $k_E$ | $\dfrac{M}{t/h}$ | spezifische Anlage-kosten | specific capital costs | dépenses spéci-fiques de premier établissement | 16000 |
| $\alpha_z$ | $\dfrac{\%}{a \,*)}$ | Zinssatz | rate of interest | taux de l'intérêt | 6,0 |
| $\alpha_y$ | $\dfrac{\%}{a}$ | Amortisationssatz | rate of redemption | taux de l'amor-tissement | 4,3 |
| $b_J$ | $h/a$ | Jahresbenutzungs-dauer | load duration per year | nombre d'heures de marche par an | 2600 |
| $k_{DE}$ | $M/t$ | Kostenanteil für Kapitaldienst | capital charges in steam cost | part de dépenses pour la rénumé-ration du capital | 0,63 |

$$k_{DE} = \frac{k_E \, (\alpha_z + \alpha_y)}{b_J}$$

### II. Amortisation. — Redemption. — Amortissement.

| | | | | | |
|---|---|---|---|---|---|
| $\alpha_z$ | $\dfrac{\%}{a}$ | Zinssatz | rate of interest | taux de l'intérêt | 6,0 |
| $y$ | $a$ | Lebensdauer | life duration | durée | 15 |
| $\alpha_y$ | $\dfrac{\%}{a}$ | Amortisationssatz | rate of redemption | taux de l'amortisse-ment | 4,3 |

$$\alpha_y = \frac{\alpha_z}{(1 + \alpha_z/100)^y - 1}$$

---

*) a     Jahre — years — années.

$\dfrac{\%}{a}$     Prozent im Jahr — per cent per year — percentage par an.

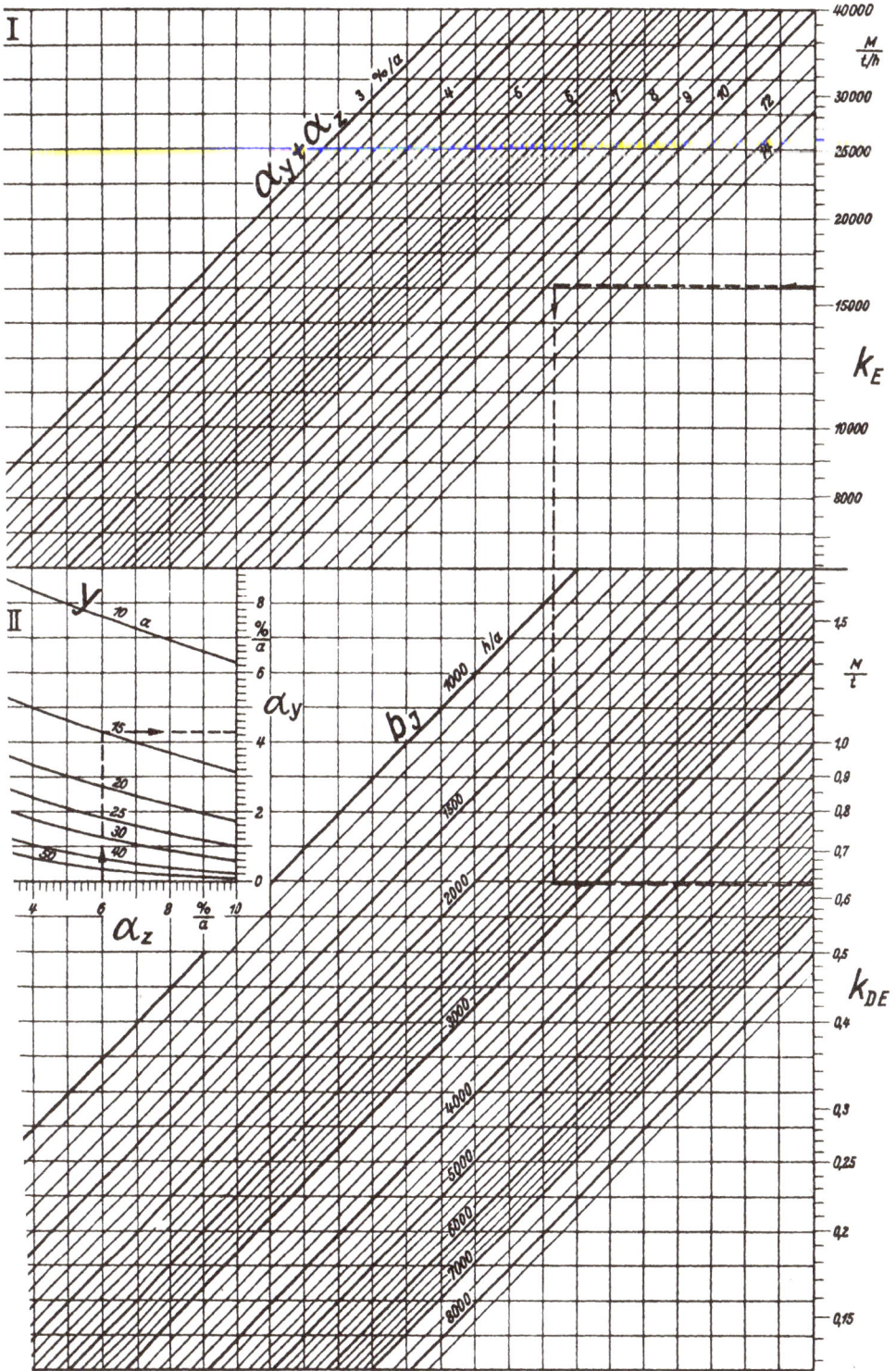